謝辞

これまで大勢の方々が動物の行動に対する私の関心に応え、励ましてくださった。若い頃にさまざまな影響を与えてくださった諸先輩方と、長年助言やヒントをくれた同僚や教え子に感謝している。特に、本書を原稿段階で読んで参考になる意見や感想を寄せてくれた、ケイト・ゴールデンバーグ、リンダ・シムズ、ロバート・テイラー、ジョーン・ワイアット、ビビアン・ワイアット、オックスフォード大学出版局の編集者であるラーサ・メノンとジェニー・ニュージー、匿名の読者の皆様には感謝の念に堪えない。また、それぞれの専門分野に関する章を読んでアドバイスをくれたアーロン・アレン、ドラ・ビーロー、ビクトリア・ブレイスウェイト、ヘザー・アイゼン、スティーブン・グッドウィン、デイビッド・ヘイグ、ミーガン・ネビルにも心から謝意を表したい。さらに、デイビッド・ベンツ、ウリ・エルンスト、ブルース・シュルティ、ジム・ソーン、トビアス・ウラーには企画の準備段階から親身なアドバイスをいただいた。改めてお礼を申し上げる。

目次

1

動物たちはなぜ
そのような行動をするのか

花の前で静止飛行（ホバリング）しながらその蜜を吸うハチドリ、皮膚の色や質感を自在に変えながら姿を隠すサンゴ礁のタコ、葉っぱの上で太陽の光を浴びながらじっと動かないトンボ――動物たちの行動は、周りの世界と関わり合っていくための大切な手段だ。そうやって、配偶相手を見つけて選択し、子を育て、食べ物を見つけ、自らが天敵の餌食《えじき》になることから逃れ、巣や巣穴をつくる。

　動物たちの行動を扱ったドキュメンタリー番組は世界中で人気がある。優れた動物番組の裏には、動物学者や大学院生、アマチュアの動物好きが長年にわたって熱心に行ってきた観察と研究による深い理解が存在している。たとえば、アフリカ南部に生息するミーアキャットは小規模な集団で生活するマングース科の動物だが、その生態は長年、さまざまな角度から研究、撮影されてきたため、一匹のミーアキャットの生活をまるで動物ドラマに登場するキャラクターのように追いかけることができる。特に、カラハリ砂漠に暮らすミーアキャット（図版1）は何世代にもわたって追跡調査が行われてきたため、人に慣れていて、動物学者が体重を計測しようとすると、自ら体重計に乗り降りするほどだ。かつては現地調査を行うフィールドワーカーしか目にすることができなかった動物の行動を、いまやドキュメンタリー番組で誰もが簡単に見ることができる。実に素晴らしい。あなたも、本書を読んで気になる動物や行動が出てきたら、ぜひウェブで検索してみてほしい。関連する映画や動画が見つかるはずだ。

狩りから動物行動学へ

人は有史以来、動物たちの行動に関心をもち続けてきた。人類は常に動物行動の熱心な観察者だったといえるだろう。たとえば、南フランスのドルドーニュ地方にある３万年前の先史時代の洞窟の壁には、シカ、バイソン、ウマのほか、その姿を識別できる数多くの哺乳類とそれを狩ろうとする人々の姿が描かれている。雌ウシのにおいをかぐ雄ウシの壁画などは、つい最近描かれたものかと思うほどだ。およそ５０００年前の古代エジプトの王墓もまた、鳥や魚や哺乳類たちの壁画で飾られている。こう

図版1　南アフリカのカラハリ砂漠で、捕食者を警戒して立ち上がるミーアキャットの群れ

した初期の観察者たちの描写は驚くほど正確だ。紀元前4世紀の古代ギリシアの哲学者、アリストテレスが『動物誌』に著したカッコウの生態やナマズの子育ての様子、サヨナキドリ(ナイチンゲール)のさえずり学習などの数々の観察の正確さは、近年の研究が証明している。

19世紀に入ると、動物の行動に関する記述は、まるで「動物たちの知られざる秘話」といった語り口で擬人化され、感傷的なものになっていった(動物に対する自責の念など、人間側のさまざまな感情が込められるようになったのである)。例外だったのは、チャールズ・ダーウィンが書いた『種の起源』(1859年)の「本能」の章だ。ダーウィンはそのなかで、カッコウが異種の鳥(里親)の巣に卵を産む現象や、ミツバチが六角形の巣房でできた巣づくりをする行動に関する実験について説明している。ダーウィンの関心は、動物の基本的な行動が**自然淘汰**(自然選択)によってどのようにして精緻《せいち》な本能と化したのかにあり、この問題はいまもなお科学者たちの関心を惹き続けている。『人間の進化と性淘汰』(1871年)以降の著作でダーウィンは、動物の行動についての自身の考えを人間の進化にまで広げていった。たとえば、ヒトの顔の特徴が地理的に異なっているのは、主としてメス(女性)による選択の結果だというのもその一つだ。

19世紀後半から20世紀前半にかけては、動物の行動に関する、より科学的で客観的な研究が進んだ。こうした先駆的な研究者には、その著書『動物の心』（１９０８年）で影響を与えたマーガレット・ウォッシュバーン、アフリカ系アメリカ人の研究者チャールズ・Ｈ・ターナー、ロシアの科学者イワン・パブロフ、ジョン・ワトソン、Ｂ・Ｆ・スキナーらがいる。彼らの「行動主義」的なアプローチは、室内実験を行って「動物たちがどのように行動するのか」（特に「動物たちがどのように学習するのか」）を研究することで、今日私たちが**実験心理学**と呼んでいる学問分野を発展させた。

　動物の行動に関する学問分野の確立に向かう第二の動きは、実験室を後にして、野生動物の研究に焦点をあてたことである。行動の進化的な起源は一つの論点に集約していく。１９７３年、カール・フォン・フリッシュ、コンラート・ローレンツ、ニコ・ティンバーゲンの三人は**動物行動学**と呼ばれる新しい学問分野の創設に大きな功績を残したとして、ノーベル生理学・医学賞を受賞した。フォン・フリッシュはミツバチの視覚世界を研究し、ミツバチがよい蜜を出す花の位置を仲間に知らせるために行うダンスを発見した。ローレンツは、異なる種のカモ類の求愛行動を研究して、そのような行動がどのようにして進化したのかを示した。ティンバーゲンは狩りバチ[*1]、イトヨ（トゲウオ科の魚）、鳥などさまざ

＊１　ティンバーゲンの研究したハチは日本語でジガバチと書かれていることが多いが、実際はジガバチ（アナバチ科）とは異なり、オオツチスガリモドキ（ギングチバチ科）である。このハチは地面に巣穴を掘り、ミツバチを狩ってきて巣穴に入れて卵を産む

まな動物の行動の機能と進化に関する先駆的な実験を行った。

初期の動物行動学者たちは、動物たちの行動を「種レベル」で説明することに主眼を置いていた（たとえば、同じ種のオスとメスの典型的な求愛行動を記述するといった具合に）。動物の行動研究における次の革命は、自然淘汰が「個体の遺伝子レベル」で作用しているという認識とともに生まれた。とりわけ、この考え方を推し進めたのが、アメリカの進化生物学者、ジョージ・C・ウィリアムズとその著書『適応と自然淘汰』（１９６６年）である。その証拠となっているのは、シジュウカラなどの鳥のつがい（繁殖ペア）は、それまで多くの生物学者が考えていたように「種の利益のために」生き残る個体の数を制限するような卵数を産むのではなく、生き残る個体の数を最大限にするような卵数を産もうとするというデイビッド・ラックの発見をはじめとする研究だった。

この分野が一躍世間の注目を浴びるようになったのは、１９７６年にリチャード・ドーキンスが書いた『利己的な遺伝子』という本がきっかけだ。ドーキンスは、「遺伝子の視点」から自然淘汰を見ることによって、「種全体に利益をもたらすのではなく、遺伝子の持ち主である個体に利益をもたらす行動がどのようにして進化するのか」、説明できることを示した。本書が与えた影響は一般大衆のみにとどまらなかった。人気を博した一冊の科学の本が学問分野全体を変えるのに役立った稀有《けう》な例として、『利己的な遺伝子』は生物学を専門とする学者たちの考え方にも多大な影響を与えた。もはや「種のために」という考え方は支持されなくなったのだ。

遺伝子の視点から動物の行動を見ると、動物の個体は「生存機械」だと見なすことができる。この生存機械によって遺伝子は生存し続けて自らのコピーをつくり、次世代により多くのコピーを残す。たとえば、最適な数の卵を産む親鳥は、生存する子孫の数が最も多くなり、次の世代では「最適な卵数を産む遺伝子」のコピーをもつ個体が多くなる。卵数などの特定の特徴あるいは行動をもたらす「遺伝子」について語るとき、その特徴はその遺伝子のみに起因するわけではない。むしろ、多くの相互作用する遺伝子が特徴を生み出すのに関わっている可能性がある。それでも、特定の遺伝子の変異が行動の違いにつながる場合、それを簡略化して、行動の「遺伝子」ということができる（第３章参照）。

動物はまた、同じ遺伝子を共有する血縁個体の生存や繁殖を助けることによって、その遺伝子のコピーを次世代に伝えることができる。これは、１９６０年代にＷ・Ｄ・ハミルトンがその画期的な論文で提唱した包括適応度もしくは血縁淘汰説の基礎となる概念で、『利己的な遺伝子』のドーキンスによって一般に広まった。さらに、Ｅ・Ｏ・ウィルソンが１９７５年に著した『社会生物学』も歴史的な名著として大きな影響を与えた。

ミーアキャットは、「生物学者たちがこれまで動物の行動研究においてその焦点をどのように変えてきたのか」を示すよい例となっている。１９６０年代、科学者たちはミーアキャットの群れの行動を大まかにとらえ、それぞれの群れの個体の数や、劣位にあたる若いミーアキャットたちが両親の子育てをどのように手伝うのかを説明しようとしていた。だが現在は、群れのなかの個体ごとの行動の違いや、仲間を手伝う行動などがどのように進化してきたかに研究の焦点が移っている。たとえば、若い個体がヘルパーとしてその弟妹の面倒を見るが、それによって失われる摂食時間はその個体にとって損失となる可能性がある。ならば、子守り役を引き受ける**ベネフィット**と**コスト**は何か。こうした問いは現在、**行動生態学**として知られているアプローチの根底にあり、動物行動学と生態学を統合した分野となっている（第６章参照）。

ミーアキャットはまた、動物の行動研究が哺乳類や鳥類などの比較的大きくて目を惹く、カリスマ的な魅力をもつ陸上動物に集中する傾向を示す例にもなっている。その理由の一つは、こうした動物は私たち人間にとって観察しやすいからである。もし人間が水生の動物だったなら、魚類やカニなどの海洋無脊椎動物の研究を行っていたかもしれない。その場合、子育てに関する見解も異なっていた可能性がある（子育てをする魚類は、通常オスが子育てをするからだ）。

ミーアキャットの例とは逆になるが、ヨーロッパや北アメリカの大学の近くに生息する動物も、過剰に取り上げられる傾向がある。たとえば、オックスフォード近くのワイタムの森のシジュウカラは頻繁に研究されている。その逆の例として、熱帯における無脊椎動物の研究を挙げたい。インド南部のベンガルール（旧バンガロール）でラグハヴェンドラ・ガダカールが始めたナンヨウチビアシナガバチの詳細な研究がそれである（図版２）。

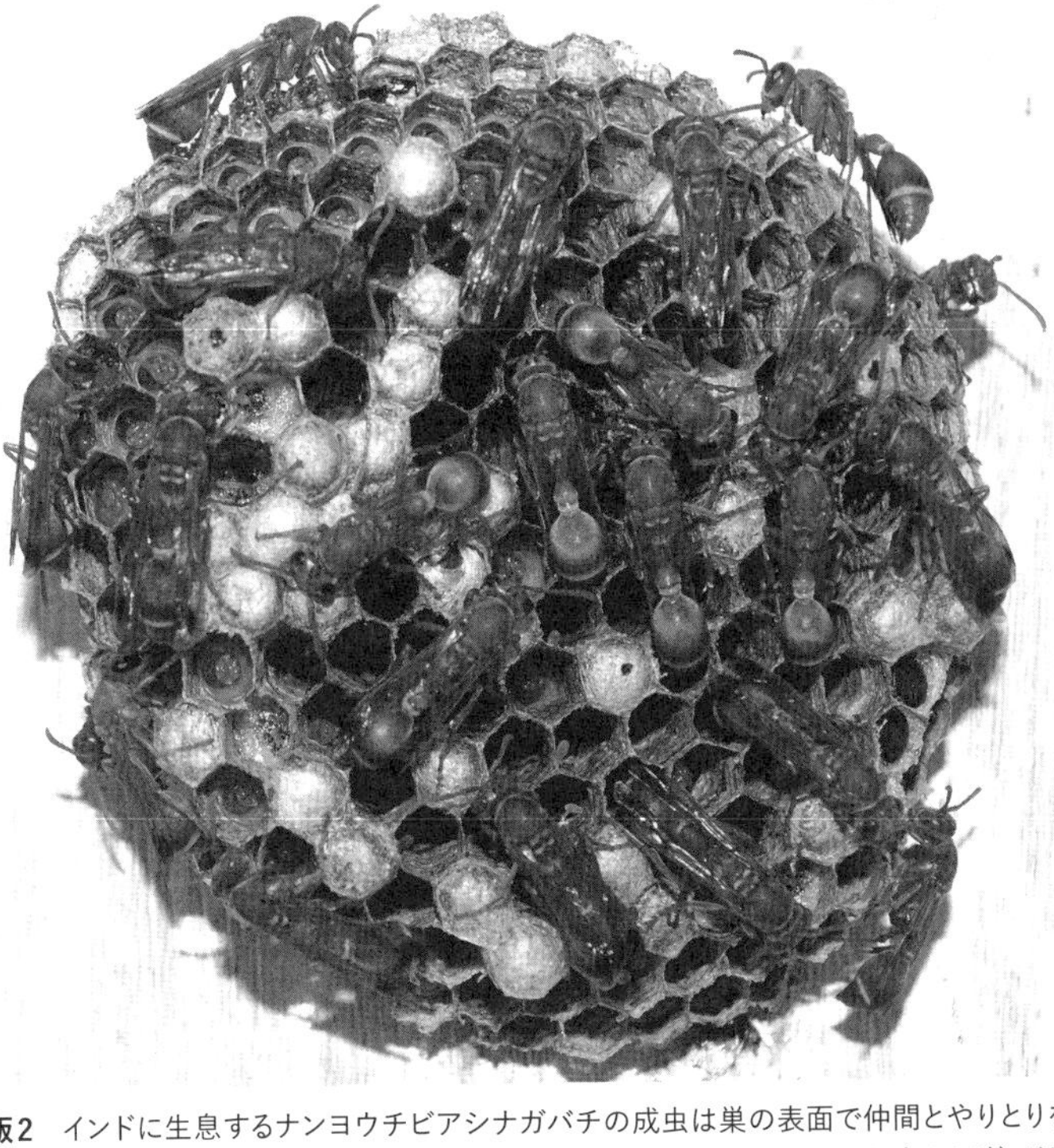

図版2　インドに生息するナンヨウチビアシナガバチの成虫は巣の表面で仲間とやりとりをするため、行動観察にはうってつけだ。巣には、ふたで覆われた子どもたち（サナギ）が見られ、成虫になるとそこから現れる。

社会性昆虫（ハナバチ、アリ、狩りバチ）の進化に関する重要な洞察の多くは、仲間のワーカー（働きバチ）と見分けがつきにくい女王と小さなコロニーを形成するこのアシナガバチに関する、ガダカールの長年の研究から得られたものだ。ガダカールは、「行動研究は費用をかければいいものではない。優れた研究はどこででもできる。興味を惹く動物はどこにでも存在しているからだ」と指摘する。あるいは、研究者としてではなく、アマチュアとして科学に貢献することも可能だ。本書の「参考文献」の項では、市民科学（シチズン・サイエンス）への参加方法を提案している。

ティンバーゲンの「四つの問い」

動物の行動はさまざまな方法で説明できる。ニコ・ティンバーゲンは、生物学者が一つの行動を異なる視点から分析できることに気づき、この分野の発展に大きく貢献した。これらの異なる視点は互いに補完し合っており、行動だけでなく、動物のあらゆる特徴について尋ねることが可能な、以下の四つの問いに要約できる。①その行動は何のためなのか。②その行動は個体の一生の間にどのように発達するのか。③どのようなメカニズムがその行動を制御しているのか。④その行動は進化の過程でどのようにして出現したのか。

①その行動は何のためなのか。　まず、その行動はその動物が生き残る、あるいは繁殖に成功するのにどのように役立つのか。ティンバーゲンの研究グループは野外実験を行って、この問題を探った。たとえば、ユリカモメの親が、巣のなかで白っぽく目立つ卵の殻を取り除くと、孵化《ふか》したばかりの雛《ひな》を狙うハシボソガラスやセグロカモメに見つかる可能性が低くなることがわかった（20ページ図版3）。

②その行動は個体の一生の間にどのように発達するのか。　動物が成長するにつれて、その行動は遺伝子と環境の影響を受けて発達する。たとえば、マウスの母親が子どもを舐めたり毛づくろいをしてやる量は、その子どもが成体になったときの行動に影響を与える。動物には、何かを学ぶために特別に準備された「感受期」というものがあるようだ。たとえば、鳴禽類《めいきんるい》は、成鳥になったときに魅力的な声で鳴けるように、幼年期のうちに成鳥のさえずりを聴く必要がある（第3章参照）。また、社会的学習は、ニホンザルがサツマイモについた泥や砂を洗い落とす行動など、食物を見つけたり処理したりする技術がどのようにして世代から世代へと受け継がれていくのかを説明している（第4章参照）。

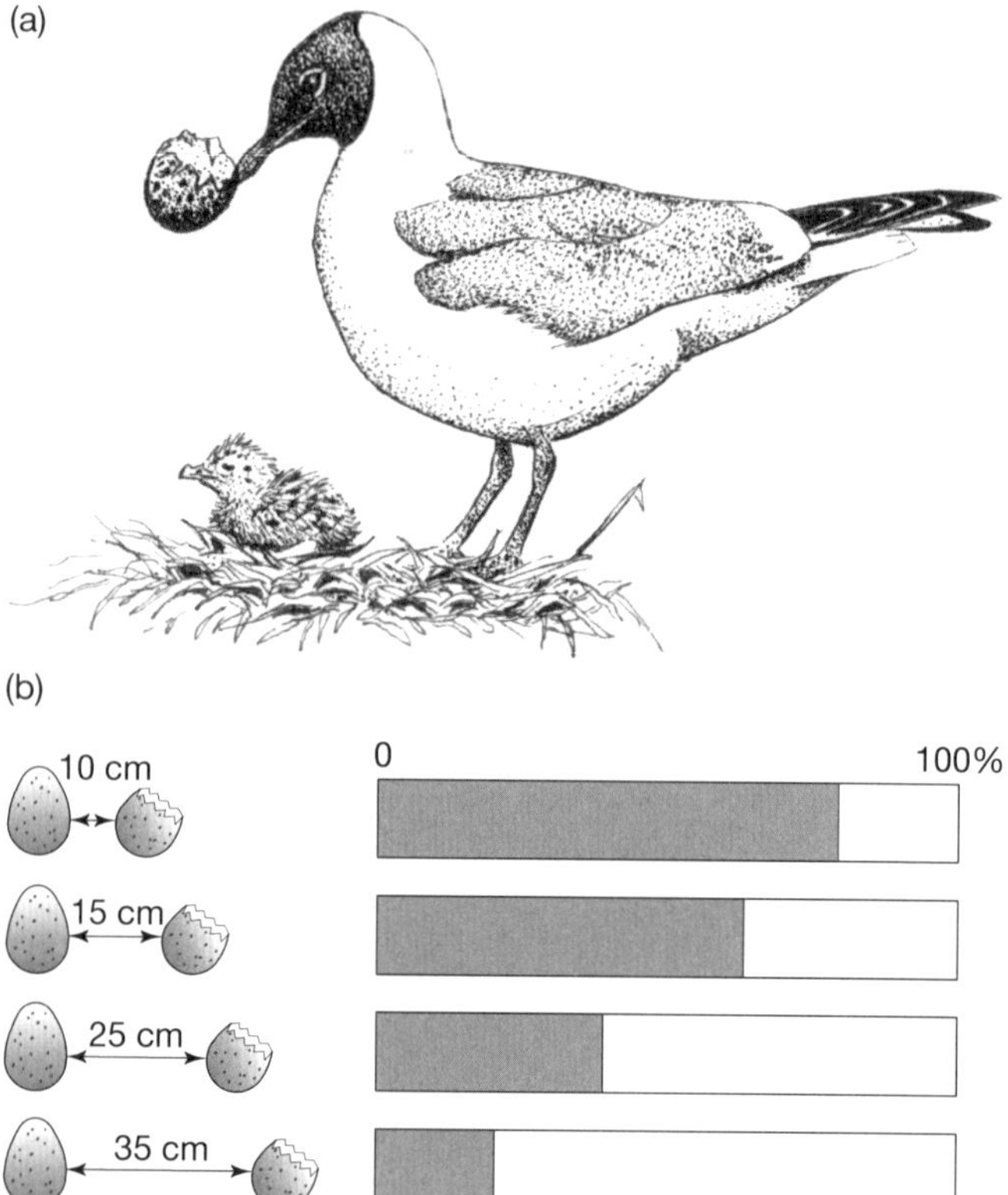

図版3　(a)ユリカモメの親は、雛がかえった後、からになった卵の殻を取り除く。(b)ティンバーゲンは、からの卵の白くギザギザした縁が捕食者に視覚的な手がかりを与えるという仮説を検証した。野外実験では、からの卵殻が巣に近いところにあればあるほど、まだ孵化していない卵が捕食者たちに見つかる可能性が高いことが判明した。

③どのようなメカニズムがその行動を制御しているのか。 この問いでは、ある特定の時点でその行動を起こさせる内的、外的な要因を探る。こうした要因は、分子に焦点をあてることから、動物全体の視点に立って俯瞰《ふかん》することまで可能であり、さまざまなレベルで研究することができる。たとえば、「鳥はどのようにしてさえずりを学習し、鳴くようになるのか」を詳細に理解するには、発達段階の脳のなかで遺伝子が働くメカニズム、神経回路が脳のさまざまな部分をどのように結びつけるのかといったことから、他の鳥のさえずりを聴くことによる感覚入力の役割まで調べることが可能だ。また、どんな行動がいつ起こるのかは、他の動物との相互作用に反応して出されるホルモン、そして日長や季節などにも影響される。

④その行動は進化の過程でどのようにして出現したのか。 たとえば、コウモリの翼やクジラの鰭《ひれ》は共通の祖先の四肢から進化したことがわかっている。何百万年にもわたる進化の過程で体の一部が変化してきた様子を知ることが可能なように、私たちは動物の行動がどのように進化してきたかを知ることができる（共通の祖先によって共有される機能や特徴は**相同**《そうどう》と呼ばれる）。進化はしばしば、既存の機能に新しい機能を取り入れることによって生じる。たとえば、アナホリフクロウは捕食者が巣穴の入り口までやって来ると、ガ

ラガラヘビの威嚇音《いかくおん》に似た鳴き声を出す。これは、アナホリフクロウを餌食にしようとする哺乳類に、この巣穴には無害のフクロウではなく危険なヘビがいると思い込ませようとして真似ているのだ。フクロウが出す音にしては奇妙だが、近縁なフクロウの雛が餌をねだるときの鳴き声から進化したものと思われる。

　行動は急速に進化することがある。ハワイのカウアイ島のナンヨウエンマコオロギのオスは、十数年前から鳴かなくなった。２００１年にはわずかなオスが鳴くだけで、コオロギを見つけるのは困難になった。２００３年、コオロギは数のうえでは元に戻ったが、鳴き声は戻らなかった。コオロギの沈黙の原因は、島に到来した致命的な寄生バエ *Ormia ochracea* だった。メスの寄生バエは、鳴き声を頼りに見つけたオスのコオロギの体内に幼虫を寄生させ、幼虫はコオロギを生きたまま内側から食い荒らす。これを逃れることができたのは、鳴かないオスのコオロギだけだった。

　進化生物学者のマーリーン・ズックは、現存する鳴かないコオロギのオスの翅《はね》には、これまでになかった突然変異が生じており、音を出すのに必要なヤスリ器とコスリ器が欠けていることを発見した。寄生バエからの致命的な淘汰圧の下で、鳴かない突然変異体のコオロギはわずか20世代で珍しくなくなり、ありふれた存在となった。ハワイの別の島、オアフ島でもカウアイ島に遅れること2年、寄生バエの到来によってオスのコオロギに淘汰が生じ、同じように鳴かない突然変異体が現れた。ただし、オアフ島のオスのコオロギの翅の突然変異はカウアイ島のものと独立して生じている。これは収斂《しゅうれん》進化の見事な例で、二つの島で別々のグループのオスのコオロギが異なる方法で進化した結果、どちらも鳴かないコオロギとなったのである。

これまでは比較的最近起きた動物の行動の進化について見てきたが、時間スケールの対極にある、はるか昔の動物の行動を保存しているのが化石だ。たとえば、小魚を食べたばかりのサンショウウオを食べた後に化石化した、ペルム紀のサメの化石は、その胃のなかに3億年前の食物網を残している。一方で、体が軟らかかったために形が残らず、先カンブリア紀後期の土に化石化して残った、摂食行動や穴掘り行動の痕跡からしかその存在がわからない動物もいる。多くの恐竜が子育てをしていた形跡は、卵が入った巣の化石の近くにある成体の恐竜の化石からうかがい知ることができる。古生物学者たちは、「今日生存している動物に基づくバイオメカニクスのモデルに、恐竜の足跡や化石化した骨の周りの筋肉の痕跡の測定値をあてはめると、ティラノサウルスは時に言われているような時速70キロなどという猛スピードではなく、せいぜい時速20キロ程度（それでも十分に恐ろしいが）で移動していた可能性が高い」と主張している。それよりさらに論争の的となっているのが、恐竜や他の動物たちの体色だ。それらもまた、化石化したうろこや羽毛の顕微鏡レベルの構造から推測できる。たとえば、鳥に似た恐竜アンキオルニスの頭部には、赤い鶏冠《とさか》が生えていたと思われる。このような色のパターンは、その恐竜が示したであろう求愛その他の行動についての推測にもつながる。

「四つの問い」を統合する

生まれたばかりの哺乳類とその母親が初めての乳汁摂取を成功させるために共進化[*2]した方法は、ティンバーゲンの「四つの問い」が一つの現象を読み解くのにどう使えるのかを示すよい例を提供している。ここでは、生まれたばかりの哺乳類が母親の乳首をできるだけ早く見つけて吸いつくことの重要性を説明しよう。

機能　母親の乳首を探す行動の機能は明らかだ。最初の食事を迅速にとることが生存に不可欠だからである。長年の研究から、ヒトを含むすべての哺乳類にとって最初の乳汁の摂取が新生個体の生存に大きく影響することがわかっている。出生初日に最適な母乳摂取のできないヒトの子どもは新生児の半数近くもいて、医学的介入がなければ、命に関わる可能性がある。西アフリカの農村地帯では、自宅出産で生まれた乳児の初めての乳汁摂取が

1時間遅れることが、生まれてから1年間の死亡率の5分の1以上の原因となっているという研究報告もある。初めての乳汁摂取が特別に重要なのは、初乳（分娩直後に分泌される乳汁）は、受動免疫を提供する抗体を与え、有益な腸内細菌を植えつけ、成長因子を提供するからだ。初乳に含まれるホルモンは、乳児の睡眠や学習などの行動に影響を与える。

発達　哺乳類の子どもの生活のなかで、母親の乳首を探し、乳を飲む行動はどのように発達していくのだろうか。乳首の探索行動自体は学習するものではないようだ。なぜなら、生まれたばかりの哺乳類はすべて画一的な探索行動を示すからである（ヒトの場合、新生児を母親の乳房の近くに置くと探索行動を示す）。生まれたばかりの哺乳類は、乳首の場所を示すにおいや刺激（温かさや形）に反応する。すべてのウサギの母乳には、乳腺から分泌される同じフェロモン分子が含まれているため、子ウサギは学習しなくても反応する。フェロモンに対する子ウサギの反応は生後数日間が最大であり、その後、子ウサギの目が開くにつれて低下していき、離乳（固形食への移行）によってさらに低下し、生後3週目以降はほとんど反応しなくなる。出生後の最初の4日間、母親の乳腺フェロモンは子ウサギ

＊2　通常は、複数の種が互いに影響し合いながら進化することをいう。ここでは同一種の母と子の進化に対して使っている

に、関連する他のにおいも学習させる。そのため、子ウサギは乳首を見つける確かな手がかりとして、母親個体のにおいも学習する。このように、すべての哺乳類の新生個体は生得的反応を示すだけでなく、学習する機械でもある。

メカニズム　母ウサギ、およびヒトを含むほとんどの哺乳類の乳汁分泌において重要な制御メカニズムは、乳児が吸うことによる乳首への触刺激だ。乳首で刺激された神経は脳の**視床下部**に信号を送り、乳汁分泌をうながすホルモンの**プロラクチン**と、それを射出させようとするホルモンの**オキシトシン**を放出する。これらのホルモンは、保育行動や母親の動機づけ（一部の種では母子の絆の強化）の根底に存在する可能性がある。また、ヒトを含む一部の種では、プロラクチンが卵巣の活動を抑制することによって、現在育てている子どもが離乳するまで次の受胎を遅らせるのに役立っている。

進化　子どもが乳首を見つけられるようにメスの哺乳類が進化させた刺激には、すべての新生個体がもつ感覚を使って検出できる「においと温かさ」が含まれている。また、目が見えず、無力な新生個体の要求を満たすため、乳首や乳頭は見つけやすく、吸いつきやすい形状へと進化するように淘汰されてきた。

ティンバーゲンの「四つの問い」はいまでも、動物の行動を研究する人々にとって重要な問いかけとなっている。特定の世代の研究者にとって、どのタイプの質問が最も関心を呼ぶかは、流行に応じて変化する（その点では、科学者も一般人も変わらない）。ＤＮＡフィンガープリントなどの手法によって新たな種類の問いかけが可能になることによって、回答できる問いの種類が増えることもあるかもしれない。それでも、ニコ・ティンバーゲンのような初期の動物行動学者が大きな成果を上げるのに用いた、「優れた観察」「適切な問いかけ」「考え抜かれた実験」「生物に対する愛情」は依然として必要とされている。

2

感覚と応答

動物がどのように行動するかは、神経とホルモンがそれぞれ異なる働きをしたり、補完的な役割を演じたりすることによって、調整される。捕食者がたてる音などの刺激に対しては、神経信号が調整を行って、素早い行動反応を引き起こす。その刺激はまた、捕食者から逃げるために筋活動が必要とするエネルギー源を放出させるホルモンを介して、生理学的変化がより長く続くようにする。

コウモリとガ

ガは夜間に飛ぶことで鳥類に食べられる危険を回避するが、代わりに夜間における空中捕食のスペシャリスト、コウモリに捕まる危険がある。コウモリは暗闇のなかで超音波ソナー(探知機)を使って世界を「眺めて」、風景を構成する物体と獲物から反射して戻ってくる反響(エコー)を聴く。コウモリが発する大きな超音波信号は、前方の空を監視するサーチライトのようなもので、攻撃の最終段階でコウモリがガを目がけて一直線に進むにつれてますます大きくなる(図版4)。ガは他の多くの昆虫と同様、コウモリのソナービームを検知して迅速な回避行動をうながす、独自に進化した耳をもっている。コウモリとガの研究のパイオニアである生物学者、ケネス・ローダーは夏の夜、街灯の下に鍵束をぶら下げてジャラジャラと鳴らすと、ガがコウモリの周波数に似た超音波に反応して、空中から落下するのが見られるかもしれないと言った。ぜひ試してみてほしい。

空中戦のさなかでは、いずれの動物も神経細胞（ニューロン）が可能にする行動によって、迅速に動く必要がある。ガは、刺激であるコウモリの超音波コールがどのように検知され、回避行動につながるかを研究するための有用なモデルを提供してくれる。ガには二つの耳があり、胸部（翅が生えた体の中央部分）の両側に一つずつついている。コウモリの超音波コールがガに当たると、コウモリに面したほうの耳の鼓膜が最も振動する。この振動は特殊な感覚ニューロンを伸ばし、**活動電位**と呼ばれる電気信号がニューロンの軸索、すなわちケーブルを伝わる。その後、信号

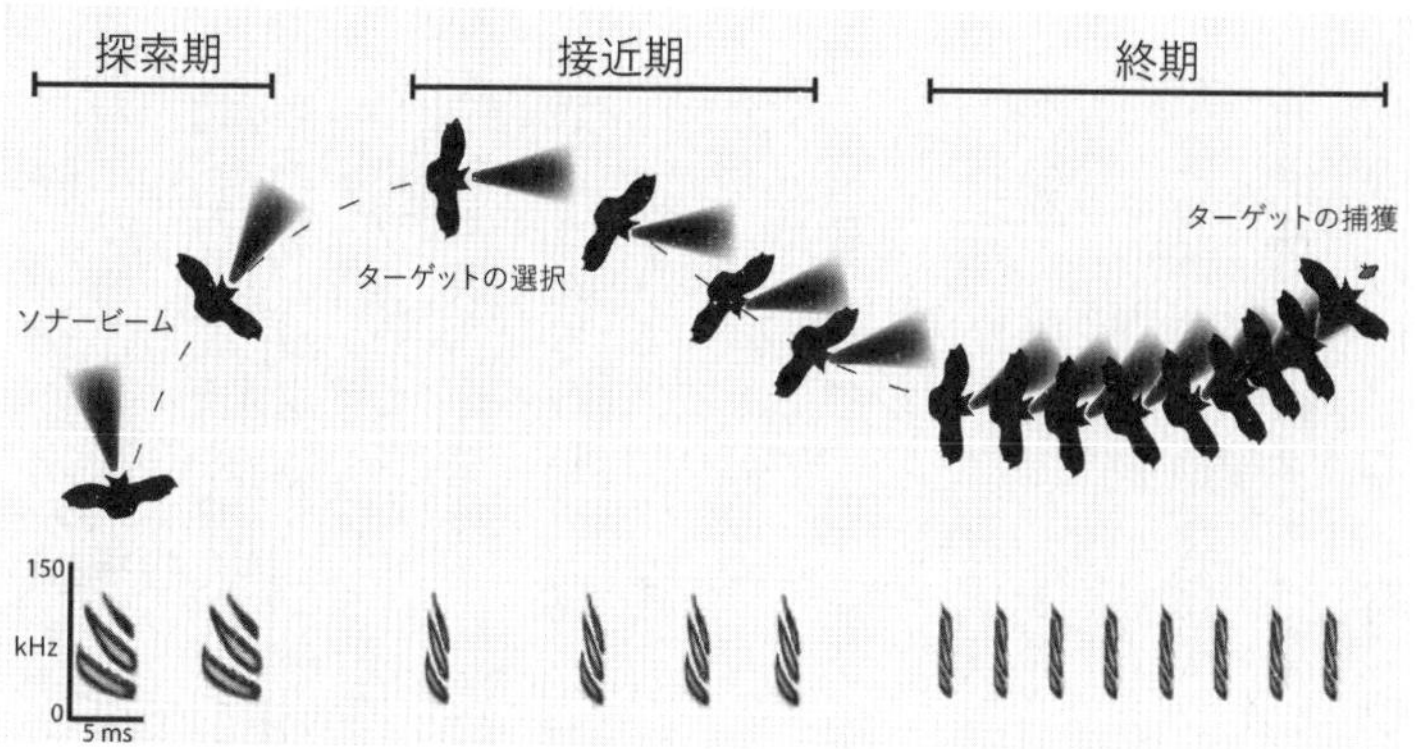

図版4　狩りの最中のコウモリの超音波コールは、ターゲットとする昆虫に近づくにつれて、パルスは短く、帯域幅は広く、発信頻度は高くなる。ガはコウモリの超音波コールを検知し、回避行動を取ることができる。

は他のニューロンや介在ニューロンに中継され、胸部の飛翔を制御する神経中枢から脳まで届く。これらの神経信号は最終的に、音が発生した側の翅の動きを変化させ、ガの回避操作をもたらす。ガの耳は二つの信号を脳に送る。一つは、30メートル離れたところを探索するコウモリが発する穏やかな超音波コールだ。これにより、コウモリがガを検知する前に、ガは向きを変えて飛び去ることができる。もう一つは、コウモリがガに狙いを定めたときに発する大きなバズコールで、これを検知すると、ガは間一髪の宙返り飛行を行うか、安全を求めて急降下する。ガとコウモリの間で行われてきた６５００万年にわたる進化的**軍拡競走**（競争）では、ガが耳を進化させるにつれて、一部のコウモリはその超音波コールをガには検知されない周波数に切り替えていった。また、ガのなかには、コウモリのソナーを妨害する鳴き声や超音波を発して対抗し、近づいてきたコウモリを驚かせる種も存在する。

感覚入力

動物は感知可能なすべての情報のなかから、自分たちの生存または繁殖の成功に影響を与えるものだけを検知するように進化する。選択性の最初の段階は、感覚器官の感受性だ。

ガの耳は、選択的感受性のよい例である。それは、ガを狩るコウモリが発する超音波の周波数にのみ応答する。その他のガにとって重要でない音は検知されない。選択的感受性は感覚器官に共通する特徴である。

動物は、視覚、聴覚、嗅覚、味覚といった私たちにもなじみのある刺激から、偏光、電場、磁場など人間が経験したことのないその他の刺激に至るまで、さまざまな種類の刺激に対して感受性を進化させてきた。刺激の種類ごとに、異なる種類のセンサーが必要とされる。これはテクノロジーにたとえると、コンピューターのソフトウェアの機能を拡張するために組み込まれたさまざまなセンサーデバイス（マイク、ウェブカメラ、温度センサー、重量センサーなど）の使い方に似ている。こうしたプラグイン・センサーに共通しているのは、特定の**トランスデューサー**、つまり音などのエネルギーの一種を、コンピューターの適切なソフトウェアで読み取れる電気信号に変換するコンポーネントが存在するということだ。動物の感覚器も同様のパターンを示す。刺激の種類ごとに特定の感度（たとえば、光に対する感度や、動きや伸展に対する感度）をもつ感覚ニューロンが、トランスデューサーとして働くのである。このニューロン・トランスデューサーは、外部刺激——音波、光子、におい分子など——を脳内のニューロンに送る電気的な活動電位に変換する。活動電位はどのセンサーでも同じだが、入力信号を音や視覚画像などセンサーごとに適切に読みとるのは脳内の配線である。

受信信号の特異性は、トランスデューサーの特異性に由来する。たとえば、眼の感覚ニューロンは、それがもっている光感受性分子（オプシン）の種類に応じて、ある範囲の光の波長に敏感になる。動物は種類によって異なるオプシン分子をもつため、感知する波長も異なる。たとえば、ミツバチの眼は人間とは異なり、人間が「赤」と呼ぶ色を検知しないが、多くの鳥類のように紫外線を見ることができる[*3]（紫外線を「ウルトラ」バイオレットと呼ぶのは人間の感覚を「超えている」からだ）。

コウモリが完全な暗闇のなかでも狩りをすることができるのは、人間には聴こえない音を出しているのではないか、という推測は長年なされてきた。ただし、実際にそのことが初めて確認されたのは１９３０年代後半、当時学生だったドナルド・グリフィンとロバート・ガランボスが、初期のマイクと電子機器を使って、コウモリの超音波信号を人間にも聴きとれる低い周波数の音に変換した（あるいは他の計器で可視化した）ときのことだった。二人の研究は、動物の感覚の世界と行動の神経基盤を探求する**神経行動学**という学問分野を確立するのに役立った。同様の発見物語は、感覚ごとに存在する。たとえば、体内に発電器官をもつ魚の特殊な感覚の世界は、電場を測定したりつくり出したりする機器ができたときにようやく明らかになった。

夜空を飛ぶオスのガは、メスのガを見つけるために音を使わない。代わりに、彼らはメスが発するにおいを用いる。このにおいは、フェロモンと呼ばれる化学信号だ。オスのガは、何千もの感覚毛で覆われた触角をもっている。それぞれの感覚毛にはにおいの受容体（**嗅覚受容体**）をもつニューロンが含まれており、同種のメスが生成する性フェロモンブレンドの分子によって刺激される。各ニューロンには1種類の受容体しかなく、メスのフェロモンブレンドのなかの一つの分子を感知する（ガの種類によって分子のブレンドは異なる）。適切な分子が受容体を刺激すると、活動電位が発生してニューロンの軸索から脳に伝わる。同じ受容体をもつ何千ものニューロンすべてが軸索を通じて、ガの脳の決まった領域、**糸球体**（毛球にちなんで名づけられた）へと送る。刺激された糸球体の適切な組み合わせが、においの信号が同種のメスから来ていることを示している場合、オスのガの脳は信号を翅の飛翔筋へと送り、風上に向かって飛んでいく。ちなみに、オスのガはかつて考えられていたように、フェロモンの濃度勾配に沿って飛んでいるのではない。むしろジグザグに進み、メスの近くを通過して触角が空気中のフェロモン空間にぶつかるたびに刺激を受けてにおいの方向に飛ぶ。ガのフェロモンは、**種分化**（新しい種が形成される進化の

＊3　紫外線をウルトラバイオレットと呼ぶのは、紫よりも周波数が高いからであり、同様に人間の感覚を超えている赤外線は赤よりも周波数が低いのでインフラレッドと呼ぶ

過程）中の動物のコミュニケーションの進化を研究する素晴らしい機会を提供してきた。遺伝子を研究すれば、オスがフェロモン信号を受信する仕組みが明らかになる。各嗅覚受容体は、それぞれの遺伝子によってコードされたタンパク質である。また、メスのフェロモン分子を合成する酵素をコードする遺伝子の研究も可能だ。新しい種が形成されれば、信号と受信機の両方の変化を追跡できる。

　オスのガのように、他の動物たちも自分たちにとって重要な情報を処理することに脳の大部分を捧げている。北米に生息するホシバナモグラは、22本の突起がついた星のような形をした、見事なピンク色の鼻をもっている（図版５）。この鼻は、モグラが巣穴に沿ってすばやく移動するときに、激しく動く。突起は、大脳皮質の**体性感覚野**（触覚を入力する領域が含まれる）に信号を送信する約１０００個のタッチセンサー式の器官で覆われている。このホシバナからの入力を受けとる大脳皮質の側も、各突起に一つずつ、22のセクションに分かれている。体性感覚野の25パーセント以上が、口に最も近い一対の突起からの信号に専念している。小さな昆虫などの潜在的な獲物が他の突起の一つに触れると、モグラは頭を振ってこの一対の突起でそれを評価する（図版５）。突起の広い振幅と速い動きにより、ホシバナモグラはあらゆる哺乳類のなかで最速の食物処理を行う。わずか１２０ミリ秒で小さな獲物に触れ、くわえ、飲み込むことができる。

神経回路

初期の神経行動学者は、動物を内部構造がわからない「ブラックボックス」として扱わなければならなかった。そのため、アメフラシやガなど、大きさと扱いやすさで選ばれたモデル生物から始めることによって、学習や運動などの行動の根底にある単純な神経回路を解明することができた。１９５０年代の実験者たちにとってのガの耳の魅力の一つは、脊椎動物の眼や耳の数十万の感覚ニューロンに比べると、ガの耳の感覚ニューロンはたった二つしかないということだった。さらに、哺乳類とは異なり、多くの無脊椎動物では、**神経節**（ニューロンの集合体）内の各ニューロンを識別して名前をつけ、そのつながりを追跡する

図版5　ホシバナモグラは、巣穴に沿ってすばやく移動すると、鼻のまわりの22本の突起を使って獲物を触り、感知する。口に最も近い一対の突起（矢印）は特に敏感だ。

ことができる。また、同じニューロンを別の個体で見つけて研究することも可能だ。この学問分野が画期的な進歩を遂げたもう一つのきっかけは、電極を使って神経からの電気的刺激を記録し、活動電位のスパイクをオシロスコープ（病院の心臓モニターなどで見られる）の出力記録として視覚化する技術が進んだことだった。まずモデル生物と単純な神経回路で研究することに価値があるのは、そこで学んだことが他の動物のより高度で複雑な行動を理解するのに役立つからである。

　アメフラシの学習の研究では、単純な防御反射反応の変化を調べた。アメフラシは当初、体に軽く触れるとえらを勢いよく引っ込めるが、こうした応答は繰り返し触れるにつれて減少する。**馴《じゅん》化《か》**（慣れ、学習の一種）という現象だ。逆に、動物の尾部をつまむといった不快な刺激を与えると、えらの収縮反応が増大する**感《かん》作《さ》**という効果が見られる。この反応は長く続くことがある。行動の変化は、触覚を検知する感覚ニューロンと、筋肉がえらを引っ込める引き金になる運動ニューロンとを連絡する接続（**シナプス**：ニューロンとニューロンとの特殊な接合部）の変化によるものであることが明らかになっている。信号を伝えるニューロンは、いくつかの分子（**神経伝達物質**）を**シナプス間隙《かんげき》**に放出する。これらの分子は反対側のニューロンを刺激する。ウミウシの馴化の例では、体に軽く触れるたびに感覚ニューロンが放出する神経伝達物質はどんどん少なくなっていく。感作の例では、より多くの神経伝達物質が放出されるようになるが、おそらくもっと重要なことは、受けとる側のニューロンが神経伝達物質に対する感受性の増加を示すことだ。私たちはいま、アメフラシや他の無脊椎動物で探究されてきたシナプス現象が、脊椎動物の学習過程の根底にあることを知っている。

　バッタは飛んでいるとき、毎秒20回羽ばたく。この羽ばたき回数を決めるのは何なのだろうか。飛行中のバッタの場合、翅の筋肉は神経回路から送信される調整されたリズミカルな信号によって制御されている。驚いたことに、この神経回路は一度活性化されるとバッタの体から取り出された後も、単独でリズムを発生する。この回路は**中枢性パターン生成機構**と呼ばれ、ドイツの神経行動学者エリッヒ・フォン・ホルストが最初に研究した現象だ。中枢性パターン生成機構は、あらゆる種類の動物で発見されている。それらは、ゴキブリの歩行、ロブスターの採餌、ショウジョウバエの求愛歌、ウミウシや魚類、オタマジャクシの遊泳、哺乳類の歩行と呼吸などのリズミカルな運動パターンを生み出す。

　動物は通常、一度にする行動の数が限られている。脳の司令中枢にあるニューロンが、動物が適応した行動をするように優先順位をつけることもある。司令中枢のニューロンは複雑な方法で刺激または抑制を行いながら関わり、たとえば、適切なパターン生成機構を作動させる。メスを求めて夜に飛ぶオスのガは、繁殖の機会とコウモリに食べられる危険性をはかりにかける必要がある。メスからの強い[4]フェロモンプルームに反応して風上に飛んでいるオスのガは、コウモリがすぐ近くに来るまでコウモリの超音波コールを無視する。この危険性を冒すオスは、平均して一生のうちにより多くの子孫をもうける。

　動物の行動にはフェロモンなどの外部刺激に対する反応もあるが、どんな行動でもその多くは体内の神経系で行われる過程によって生成される——動物は入力と出力を行う単なるロボットではないのだ。たとえば、ハエや線虫などの最も小さな脳でも、行動の柔軟性は進化によって得られた基本的な性質と思われ、神経系は絶えず活動を変化させるという特徴をもつ。一定の環境にあるショウジョウバエは、自発的な旋回と動きを通じて環境を探索し、そのフィードバックから学習しようとしているように見える。また、線虫の探索行動を研究したところ、単純な神経回路で運動ニューロンに明確なオン／オフ信号を送る感覚ニューロンの存在が明らかになった。ただし、この神経回路には他の二つの介在ニューロンも含まれているため、結果として生じる動作は予測できない。予測不可能性は、競合する他者や捕食者との関わりにおいては利点となる。行動が予測できる獲物は簡単に食べられてしまうからだ。ゴキブリの逃避反応がよい例だ。ゴキブリが近づいてくる捕食者から常に予測可能な角度で飛び去るのなら、捕食されやすい。実験者がゴキブリの逃避反応を何百回も観察したところ、実際によく起こる逃避方向は捕食者が学習するのが困難なくらい広い範囲に及んでいることがわかった。

複雑な行動をするための神経回路の研究は、数十億のニューロンを含む脳をもつ脊椎動物の場合、至難の業である。ハエならば少し簡単だが、それでもその脳には10万個のニューロンが含まれているため、研究は非常に困難だ。そのハエでさえも理解は始まったばかりであり、研究は今後数十年にわたって未完のまま続く可能性がある。

それでも、キイロショウジョウバエの求愛行動は重要なモデルシステムを提供している。通常、求愛はオスとメスの反応のステレオタイプ化された順序に従う（42ページ図版6）。しかし、*fruitless*と呼ばれる遺伝子に突然変異が起こると、オス同士が互いに求愛し、ダンスの列を組むため、「実りのない」求愛につながる。それだけではなく、*fruitless*遺伝子はさらに、オスの求愛行動に関与する神経回路の発達においても重要であることが判明した。オスでのみ働く*fruitless*遺伝子をもつ約２０００個のニューロンが、オスの神経回路を形成する。そのなかには、メスのフェロモンを検出して処理するオスの感覚ニューロンと介在ニューロン、およびオスが翅を振動させて出す求愛歌を調節する運動ニューロンが含まれる。オス特有の中枢ニューロンの小さなグループは、ハエの嗅覚系、味覚系、視

＊4　フェロモンが存在する空間を指す。フェロモン源から風下に向かって、煙突から排出される煙の流れのように広がっていく

覚系、聴覚系からの求愛入力を統合する。

　新しい分子ツールによって、ショウジョウバエ、ゼブラフィッシュ、マウスなどのモデル生物のより複雑な神経回路の研究が可能になりつつある。**光遺伝学**はこうしたツールの一つで、チャネルロドプシンなどの光活性化タンパク質をもつように遺伝子操作された特定のニューロンに向けてレーザービームを照射すると、神経回路をオンにすることができる。研究者は、これらのニューロンを刺激することでどの行動が生じるかを知ることができる。ただし、技術は時折主張されているほど正確ではないようなので、特に哺乳類の研究では、結果を解釈する際に注意が必要だ。分子ツールにはほかにも、神経系を介してニューロンを追跡できるように、蛍光マーカーでニューロンを「色分け」するブレインボウと呼ばれる手法などがある。

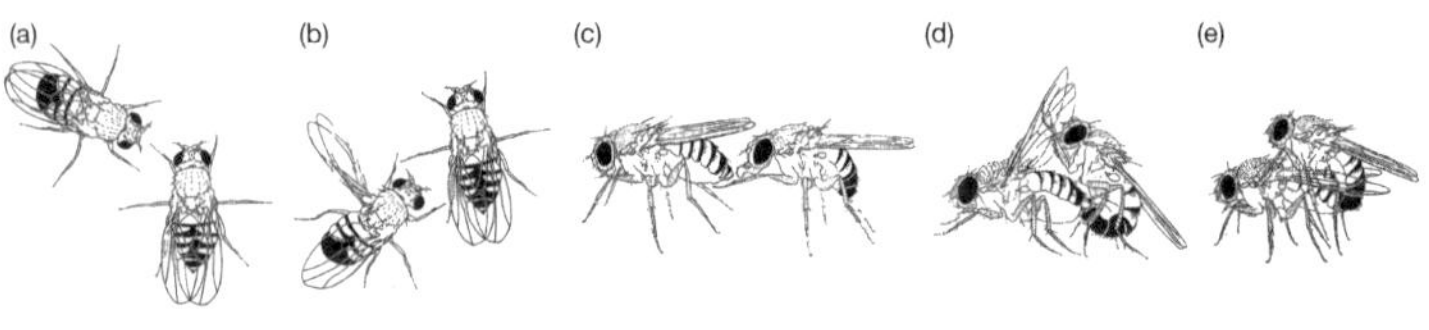

図版6　キイロショウジョウバエの求愛には多くの段階が含まれる。オスのハエは、伸ばした翅をメスに向かって振動させて歌う。次に化学信号のデュエットで2匹が同じ種であることを確認した場合、オスはメスの性器を舐め、交尾を試みるが、選択するのはメスである。

ホルモンと行動

　ホルモンは、生理機能と行動の体内における連絡役と調整役として、体中を循環する化学信号である。ホルモンは神経系と関わり、互いに補完的な役割をする。ホルモンはニューロンの刺激に反応して放出されることがあり、刺激に対する神経の反応に影響を与えることがある。神経系とホルモン系の違いの一つはタイムスケールだ。神経はミリ秒単位のタイムスケールでメッセージを素早く送信するが、ホルモンはその影響を数秒または数時間、あるいは数日にわたって与え続けることができる。同じ分子または類似した分子は、二つの神経細胞間のシナプス（接合部）で放出されると神経伝達物質として、また血液中に放出されると体内を循環するホルモンとしての役割を果たすことができる。たとえば、哺乳類では、**ノルアドレナリン**は神経伝達物質であり、**アドレナリン**はホルモンにあたる。無脊椎動物では、**オクトパミン**（昆虫にとってアドレナリンに相当する）と**セロトニン**が神経伝達物質とホルモンの両方として機能する。

　即座に起こる行動も長期的な発生上の変化も、ホルモンの影響を受ける可能性がある。たとえば、母ヒツジが子ヒツジを出産すると、ホルモンであるオキシトシンが母親の脳の特定の部分で放出され、母ヒツジは自分の子ヒツジのにおいを学習する。鳥類や他の多くの動物では、日長の変化がホルモンの放出を引き起こし、適切な時期に繁殖行動を行う準備をするように刺激する。

　血中のホルモンは、「赤または青のドアベル（受容体）のある家（細胞）のベルを鳴らす」という指示で街を回るメッセンジャーだと想像しよう。ホルモンのメッセージは、細胞膜に適切な受容体が発現している細胞によって受信されるため、応答したり影響を受けたりするのはそれらだけだ。このような性質から、ホルモンは体中の異なる種類の組織で多様な効果を上げるのに適している。ホルモンはいったん細胞を刺激すると、細胞の核でどの遺伝子が活性化されるかに影響を与えるなど、一連の効果を発揮し始める。特定の細胞は、その寿命の間に複数の受容体の異なる組み合わせをもつことができるため、時間の経過とともにホルモンの異なる組み合わせの影響を受ける可能性がある。このシステムは、ホルモン放出のパターンを変更したり、受容体の特異性を変更したり、特定の細胞が特定の受容体をもっている時期を決めたりすることで、種によって非常に柔軟に進化することができる。たとえば、一夫一婦制のプレーリーハタネズミのオスの絆《きずな》形成行動の重要な要因は、脳の特定の領域のニューロンに**バソプレシン**というホルモンの受容体がたくさんあるということだ（こうして活性化される）。対照的に、同じハタネズミでも一夫一婦制ではないモンタンハタネズミは、循環するバソプレシンはもっているが、オスの脳のこれらの細胞のバソプレシン受容体ははるかに少ない。

　魚類、鳥類、哺乳類などの脊椎動物では、社会的相互作用や日長などの外的要因が、その動物の脂肪蓄積などの内的要因とともに、視床下部で統合される情報の一部を形成する。視床下部は、脳のきわめて重要な部分にあり、主要なホルモンの放出を制御するニューロンからなる（図版7）。たとえば、日長が適切な場合、視床下部の特殊な神経分泌細胞が**放出ホルモン**を

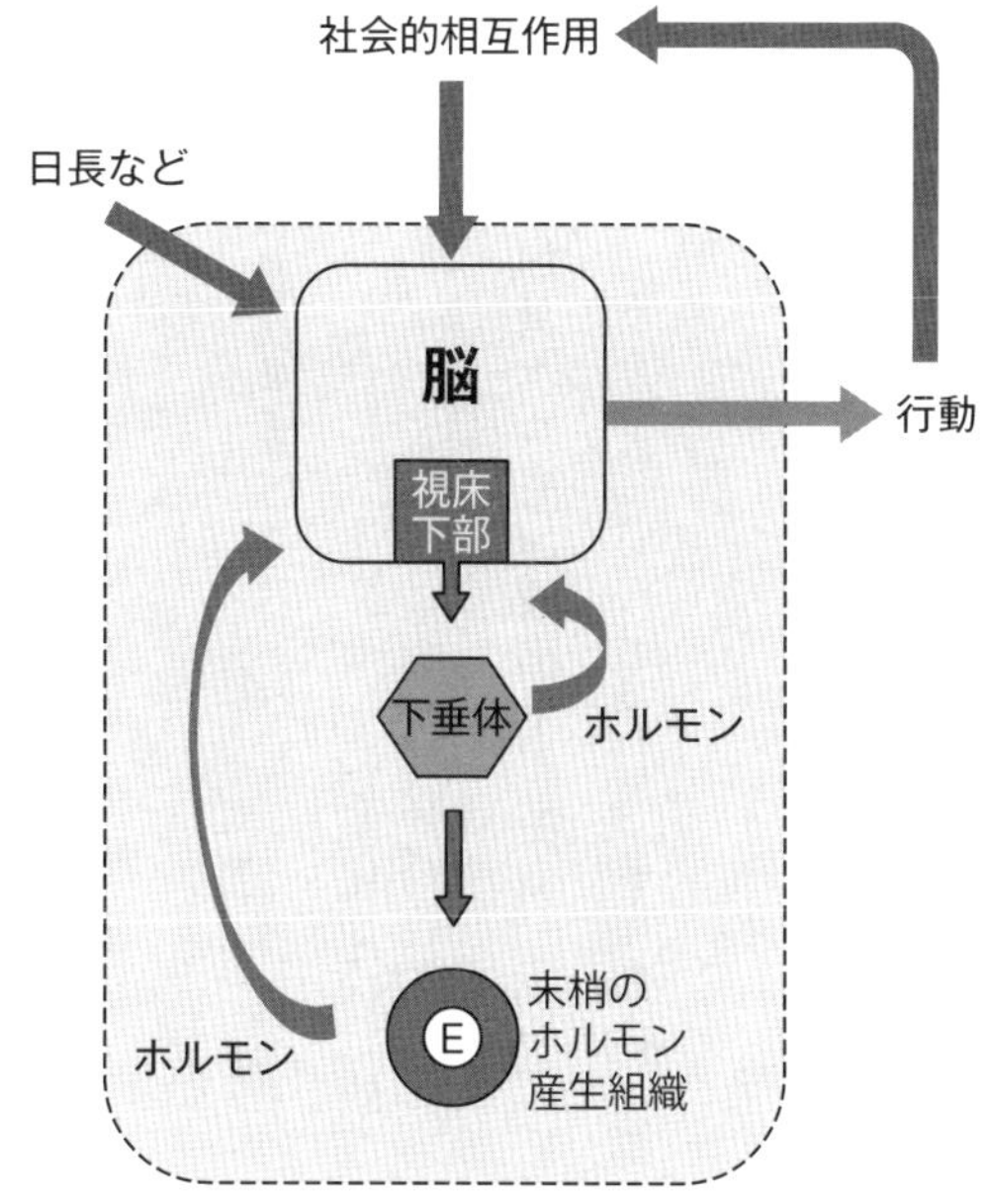

図版7　脊椎動物では、体の内外の影響が脳の視床下部に統合され、下垂体を刺激してホルモンを放出するホルモン信号を送信する。これらは、卵巣、精巣、副腎など末梢のホルモン産生組織を活性化する。

分泌し始め、下垂体を刺激して下垂体ホルモンを放出させる。これにより、全身の他のホルモンを産生する腺（**生殖腺**など）が活性化される。それらのホルモンは血液中を循環し、視床下部を含む脳に影響を与え、適切な受容体をもつ細胞を刺激することで行動に影響を与える。視床下部から他の内分泌腺に至るまでのすべてが、動物の行動を調整する連動したフィードバック・ループの一部となっている。

アフリカ産のカワスズメ科の魚で高度に社会的な*Astatotilapia burtoni*でも、劣位の魚が明るい体色の優位のオスに取って代わったときに、ホルモンの変化が決定的な結果をもたらす。数分以内に、新しく優位に立ったオスが支配的な行動と明るい体色を示し始めるのである。視床下部のニューロンは**生殖腺刺激ホルモン放出ホルモン**（GnRH）を分泌し、下垂体からの生殖関連のホルモンの放出をうながす。このオスは数時間以内に生理的および行動的に卵を受精させることが可能になる。

無脊椎動物でも、社会的相互作用はホルモンを介して行動に影響を与えることがある。戦いに勝ったコオロギは、次の戦いでより攻撃的になる。これは、オクトパミンというホルモンが血液中に放出されるためである。負けたコオロギの血液中にはセロトニンなどの他のホルモンが放出され、その攻撃性を低下させる。

ホルモンは動物が生成する信号にも影響を与える。オスのマウスは、体内に十分なテストステロンがある場合にのみ、オスのフェロモン信号を生成する。反応にはホルモン濃度も影響する。たとえば、オスのハムスターの視床下部の脳回路は、オスが性的に成熟していて十分に餌を与えられている場合にのみ、メスのにおいに反応する。この条件だけが脳内の十分なテストステロン濃度につながるからである。

寄生虫による操作

ホルモンと神経伝達物質を操作することにより、寄生虫は寄生される側の宿主の行動を劇的に変えることができ、多くの場合、寄生虫の利益になる。特に、寄生虫が生活環の次の宿主である捕食者に食べられる必要がある場合には、この操作は顕著である。たとえば、寄生性の線虫による感染は、宿主である熱帯アリの外観と行動を変化させる。感染したアリの腹部は果物のような赤色に変わり、アリは寄生虫の次の宿主である鳥に食べられやすい樹冠まで登る。ハリガネムシが寄生するコオロギは、光に惹きつけられ、水に飛び込む。これはおそらく操作の間接的な結果だろう。水というのは、成虫のハリガネムシが配偶相手を見つける場所だからである。また、一部の科学者は証拠に疑問を呈しているが、寄生性の原虫であるトキソプラズマによる脳感染は、ラットやマウスが通常ネコのにおいをかぐと感じる嫌悪感を減らし、潜在的に捕まえられやすくするという説もある。トキソプラズマは、有性生殖をするためにネコの体内にい続ける必要があるのだ。

一部の寄生虫と宿主の関係について、寄生虫が進化して宿主の中枢神経系を「乗っ取り」、宿主の行動を操作する分子メカニズムが解明され始めている。これらの研究結果は、宿主の神経回路を理解するのに役立つツールになる。たとえば、寄生性のエメラルドゴキブリバチはゴキブリを狩る（図版8）。ゴキブリを見つけたハチは、選択毒性のある神経毒を使用してゴキブリを生ける「ゾンビ」に変え、

図版8　エメラルドゴキブリバチのメスは、ワモンゴキブリの頭を刺すときに、正確な量の神経毒を注入する。ハチの幼虫は、生きているけれども動けなくなった宿主を食べる。

それをリードをつけたイヌのように巣穴に導く。動けなくなったゴキブリは、ハチの幼虫に生きた餌として提供される。

　ハチはまずゴキブリの胸部を刺し、中枢の運動回路を一時的に無力化し、ゴキブリの前脚への運動出力を1～2分間ブロックして、逃げられないようにする。これによって、ハチが二度目にゴキブリの頭を長く刺す時間ができる。ハチは、毒針のセンサーを使ってゴキブリの脳の特定の部分、つまり歩行をつかさどる司令中枢の位置を特定し、正確な量の神経毒をそこに直接注入する。二度目に刺された後、ゴキブリは独特の行動変化を示すようになる。逃げる代わりに、30分ほど身づくろいに集中するのだ。これはおそらく毒に含まれている昆虫の神経伝達物質（**ドーパミン**）が原因である。ゴキブリが身づくろいをしている間に、ハチは巣穴を掘りにいく。頭を刺すことによってもたらされる長く続く効果は、ゴキブリを自ら動けない状態にさせることだ。この状態では、ゴキブリは麻痺はしていないが、自力で歩行することはできない。頭に注入された毒には、**オピオイド**が含まれる。オピオイドは、運動回路の機能に影響を与えることなく、歩行とその維持を担う司令中枢のニューロンを標的とする。ハチは、ゴキブリの中枢神経系を司令中枢と中枢性パターン発生機構に分けることによって、ゴキブリを「歩かせる」ことができる。ゴキブリは、この小さなハチが力ずくで巣穴まで移動させるには大きすぎるからだ。

3

行動はどのようにして発達するのか

成功のためのレシピ

鳥がイモムシを捕まえてきて雛に餌をやるのをぼんやり眺めていると、その優雅なしぐさの裏に潜む複雑さを見落としてしまいがちだ。こうした行動は、受精卵としての始まりから自身の子に採餌《さいじ》する親になるまで、鳥の一生の間にどのようにして発達するのだろうか。

動物の成長は、細胞分裂、細胞運動、細胞分化の過程を経て、単一細胞（受精卵）から胚、幼体へと進行する。動物の体と行動の発達のためのこうした初期の過程は発生におけるメカニズムであり、動物の一生を通じて継続する。リチャード・ドーキンスの著書『盲目の時計職人』のたとえを用いれば、胚発生の秩序ある過程はレシピに従ってケーキを焼く過程に似ているが、レシピの指示を出すのは遺伝子だ。胚発生のためのこの複雑なレシピには数百万の段階があり、数千の遺伝子がオンとオフを切り替えながら、協調して相互作用を行う。段階が進むにつれて、成長中の胚全体の細胞で異なる遺伝子が同時に活性化される（発現する）。適切な環境ならば、胚のＤＮＡに含まれているレシピに従うことで、動物の発生は成功する。

各細胞は体内の他のすべての細胞と遺伝的に同一だが、細胞の位置とその発生履歴によって、どの遺伝子がいつ活性化されるかが決まる。たとえば、肝臓の細胞は肝細胞に適した遺伝子を発現し、心臓の細胞は心臓に適した遺伝子を発現する。個々の細胞はその生物の生涯の間に、たとえばホルモンに反応して、異なる組み合わせの遺伝子を発現することもある。

ケーキのレシピで単語を一つでも変更すると――たとえば、「砂糖を加える」を「塩を加える」に変更するといった小さな突然変異によって――出来上がるケーキの味が大幅に変わる可能性がある。ただし、変更した一つの単語は、ケーキ全体を取り仕切っているのではない。むしろ、その単語は、レシピの他のすべての単語との前後関係でのみ効力を発揮する。

自然淘汰によって形態（体の形）が進化するのと同様に、行動も進化する。遺伝子は行動の発達に影響を与えるため、行動に対する淘汰は次の世代の遺伝子頻度を変える。たとえば、採餌、子育て、配偶相手の選択で成功する行動につながる遺伝子は、将来的に多くの個体で発現される。条件が変化した場合は、有利な行動を引き起こす遺伝子の突然変異が自然淘汰によって支持される。こうした突然変異は、遺伝子（タンパク質をつくるためのアミノ酸配列をコードするＤＮＡの領域）自体、または各遺伝子に関連するエンハンサー領域（その遺伝子がいつどこで活性化されるかに影響を与える）にある可能性がある。

氏か育ちか

ここでは、遺伝子の活性化という観点から動物の行動発達について論じてきたが、同じくらい重要なのが環境の影響だ。遺伝子と環境の両方が密接に結びつき、相互作用的に関わり合っている。「動物の行動が遺伝子（氏）と環境（育ち）のどちらで決まるのか」と問うのは、「長方形の面積が縦の長さと横の長さのどちらで決まるのか」と問うのと似ていると言われてきた。

動物の行動発達における環境（社会環境を含む）の重要性は、たとえば、生まれたての個体が自身の母親の特徴を刷り込む（学習する）方法から長い間知られてきた。だが、この数十年で私たちの多くを驚かせたのは、遺伝子が行動に影響を与えているのと同じように、行動が遺伝子の発現に影響を与えているという発見である。ケーキのレシピのたとえを用いると、これは、発達中の動物が受ける行動刺激とその動物がいる環境が、レシピの「単語」（遺伝子）が読み取られる順序だけではなく、いくつかの「単語」が頻繁に使われるために強調表示されるか、一時的に見えなくされるか、その動物の生涯にわたって見えなくされたままかということにも影響する可能性があることを意味している。

学習しているように見えない一部の行動は、本能的または**生得的**と呼ばれる。たとえば、さなぎから羽化したメスのエメラルドゴキブリバチのメス成虫は、自身の母親はずっと以前に死んでいるにもかかわらず、ゴキブリを見つけ、それに毒針を刺して麻痺させ、巣穴に運んで卵を産みつけて幼虫の餌にするという複雑なタスクを見事にやり遂げる（48ページ図版8）。しかし、一見生得的に見える行動でさえ、完全に発現するためには発生上の、そして環境的な要件が存在する。ある行動が生得的だといっても、遺伝子だけが関与しているわけではない。これは感覚の発達に関してもあてはまる。大脳の視覚野が適切に発達するためには、哺乳類の眼は出生後の臨界期に視覚刺激にさらされる必要がある。

刷り込み

動物行動学者のコンラート・ローレンツの後ろをついて回るハイイロガンの雛の群れの写真は、動物の行動に関する最も有名な画像として知られている。孵化直後の感受期に初めて見た大きな動くものがローレンツだったハイイロガンの雛は、彼を親と認識し、愛着をもつようになった（56ページ図版9）。**刷り込み**と呼ばれるこの行動は、多くの哺乳類や鳥類の初期の発達段階に見られる学習の一種だ。野生のガンの場合、雛が最初に目にする動くものは、コンラート・ローレンツではなく、母鳥である。このような「親子間の刷り込み」機能の目的は、生後間もない動物が他の成体ではなく自身の親の後ろをついて回れるように、確実に親を認識することだろう。それは親子間の強い社会的絆につながる。

　生後間もない個体は、この感受期に学習する傾向があり、特に自身と生物学的に関わりのある音や物体などの刺激を受け入れる。家禽のヒヨコやアヒルの雛にとって、母鳥が発する種特有の鳴き声は、動く物体をついて回り、それを刷り込むきっかけとなる。マガモの雛の母鳥の鳴き声に対する感受性は、孵化する直前に卵のなかで、他の胚の雛が発した鳴き声に応える母鳥の声を聴くことによって決まる。哺乳類（おそらく鳥類も）の場合には、個々の親のにおいも学習することができる。

　多くの動物には性的刷り込みもあり、生後間もない動物が成鳥や成獣として性的に成熟したときに、自分と同じ種の一員を配偶相手として認識し、選択する方法を学ぶ（ローレンツのオスのハイイロガンは成鳥になると、ローレンツに求愛した）。種によっては、種固有の特徴に、音、視覚的特徴、においが含ま

図版9　刷り込みを受けたハイイロガンの雛たちを惹きつけるコンラート・ローレンツ。オーストリアに住むローレンツのもとを訪れたニコ・ティンバーゲンが描いた。

れることがある。成体の性行動に対するこの学習の重要度は、種によって異なる。そのよい例として、二種の鳥の巣の間で卵を交換するフィールド調査が挙げられる。シジュウカラは、アオガラの親に飼育されると、間違った種への性的刷り込みが行われる。アオガラに養育されたシジュウカラは、成鳥になるとアオガラと交尾しようとした。しかし、シジュウカラに養育されたアオガラはそのように敏感ではなく、シジュウカラの親に育てられたことが配偶相手の選択に影響を与えることはなかった。シジュウカラにとってある行動の根底となる学習が、自分と同じ種の配偶相手を選ぶことを覆すくらい決定的なものになっているのは奇妙に思えるかもしれないが、自然界ではシジュウカラの雛は自身の親によって育てられているので、通常は何も問題にならない。

刷り込みにはほかに「家族間の刷り込み」と呼ぶべきものもあり、生後まもない動物がそのきょうだいの詳細な特徴（個々の外見、におい、音など）を学習して、後年、配偶相手として選択するのを回避するというものだ。これは、同じ種の別の家族と互いの子どもを里子に出し合うことによって実証することができる。たとえば、マウスは身近なきょうだいとの交配を避けるが、生まれてから別の家族と一緒に育てられた場合、里親側のきょうだいは避けるが、以前に会ったことのない遺伝的なきょうだいとは交配する。

刷り込みは、特に子育て期には、成体でも見られることがある。母ヒツジは出産後の最初の数時間で、子ヒツジとの間に持続的な絆を築く。子ヒツジを産むときに母ヒツジの膣が伸びると、神経インパルスが脳に送られ、神経やホルモンによるメカニズムのカスケード（反応の連鎖）が始まる。その結果、母ヒツジが子ヒツジについて学ぶ感受期が形成される。オキシトシンが放出されて母親としての行動をうながし、羊水に対する母ヒツジの反応を回避から誘引に変える。すると、母ヒツジは生まれたばかりの子ヒツジから羊水をなめとろうとし、なめている間に母ヒツジの脳は子ヒツジのにおいを覚えるようにうながされる。これは、群れの他の子ヒツジから自分の子ヒツジだけを区別して授乳するための重要な学習である。

遺伝子と行動

鳥が越冬のためにする「渡り」は、遺伝的な影響による行動だとする研究は多いが、遺伝子のほとんどは他の遺伝子と相互作用を行う複雑な関係にあり、また環境の影響も受けるため、行動に強い影響を与える特定の遺伝子を突きとめるのは容易ではない。しかし、そのような遺伝子もいくつか見つかっている。一つは、１９８０年に当時カナダの学生だったマーラ・ソコロフスキーが野生のキイロショウジョウバエを集めてその幼虫を観察していたときに発見された。ソコロフスキーは、幼虫がその採餌行動によって二つに分けられることに気づいた。餌（酵母と水でつくったペースト）を探索して長距離を這《は》い回るローバー型幼虫と、あまり動かずに採餌を行うシッター型幼虫の2種類である。30年以上にわたる研究で、ソコロフスキーらは、こうした採餌行動の違いが*foraging*（*for*）と名づけられた遺伝子座に自然に存在する二つの**対立遺伝子**によるものであることを示した。ローバー型の遺伝子（*for*^{R}）をもつ幼虫は、餌の小さなパッチ内およびパッチ間をさまよう。シッター型の遺伝子（*for*^{S}）をもつ幼虫はほとんど動かず、餌の小さなパッチ内にとどまる。*foraging*遺伝子は、成虫の採餌関連行動にも同じように影響を与える。他のすべての行動と同様、遺伝子が違いを生む一方で、環境信号も行動に関与する。たとえば、食物がない状況では、ローバー型の成虫と幼虫はどちらもシッター型のように行動する。

トロントにある、ソコロフスキーの研究室の外にあるリンゴ園では、キイロショウジョウバエの両方の系統が安定した頻度で発見された（ローバー：シッター＝70：30）。なぜ両方の型の遺伝子が野生の個体群で存続するのだろうか。幼虫が密集した環境ではローバー型が有利なように見えるが、あまり密集していない環境ではシッター型が自然淘汰によって選ばれる。

行動に影響を与えるために*foraging*遺伝子は何をしているのだろうか。この遺伝子は、脳（および体の他の部分）で発現する**Gキナーゼ**[*5]（ＰＫＧ）と呼ばれる酵素をコードしている。幼虫でも成虫でも、ローバー型の脳ではシッター型よりも多くのＰＫＧが発現している（シッター型でＰＫＧレベルが上昇した場合、行動がローバー型に変わる原因となるのは、この上昇したＰＫＧレベルのようである）。*foraging*遺伝子は、幼虫や成虫の他の数多くの行動にさまざまな効果をもたらす。学習や記憶（ローバー型は短期記憶に優れ、シッター型は長期記憶に優れている）といった行動から、幼虫がさなぎになるときに食物からどのくらい離れるかといった行動にまで、影響を与えている。このような遺伝子の効果を多面発現と呼ぶ。つまり、*foraging*遺伝子は他の多くの遺伝子との相互作用を介してさまざまな効果を発揮するのである。

進化、遺伝子のコ・オプションおよび遺伝子調節

ショウジョウバエで*foraging*遺伝子の影響が確認されると、科学者たちは他の昆虫でこの遺伝子と相同な遺伝子を探し求めた。その結果、ミツバチとアリでも発見され、この遺伝子がやはり摂食活動に関連する行動の変化に関与していることがわかった（ショウジョウバエの幼虫における*foraging*遺伝子の役割とは異なる）。同様のアプローチにより、ショ

ウジョウバエの**概日《がいじつ》リズム**（毎日の活動パターンを支配する生理現象）に影響を与える*period*という遺伝子が、哺乳類でも同じ役割を果たしていることが発見された。

同じ遺伝子がこのように異なる生物に見られること、そしてその機能の多くもまた保存されていることは、ここ数十年の生物学における最も注目すべき発見の一つである。たとえば、ヒトを含む哺乳類は、約２万の遺伝子を共有している（ヒトには、マウスの遺伝子の99パーセントと同等の遺伝子が存在する）。こうした発見は当初、発生の進化に関する研究（evolution of developmentから**進化発生生物学**evo-devoという言葉が生まれた）からもたらされた。最もよく知られているのは、ショウジョウバエやヒトなどのさまざまな動物の胚の前後軸を決定する、高度に保存されたホメオボックス（*Hox*）遺伝子である。同様に、*foraging*遺伝子や*period*遺伝子といった行動に影響を与える遺伝子も、多種多様な動物によって使われている。

しかし、これほど多くの遺伝子を共有しているのに、動物同士がこれほど異なるのはなぜだろうか。動物ごとのゲノム（生物のもつ全遺伝情報）の遺伝的差異が比較的小さいにもかかわらず、何が原因で見た目や行動に大きな違いが生じるのだろうか。その答えは主と

＊5　プロテインキナーゼGとも呼ぶ。サイクリックGMPによって活性化され、基質となるタンパク質をリン酸化する酵素

して、これらの遺伝子が活性化する（スイッチが「オン」に切り替わる）時期と場所の違いにある。ケーキのたとえを用いれば、レシピの各部分を読む順序とタイミングの変更にある。遺伝子の活性化をこのようにカスタマイズすることにより、よく似た遺伝子のセットから非常に多様な動物の形態と行動が生成される。進化の過程で、遺伝子は一般に「新しい芸を仕込む」ことによって[*6]コ・オプションされ、再利用される。

　細胞内の遺伝子を「オン」または「オフ」に切り替えることは、発現調節と呼ばれる。すべての遺伝子には、少なくとも一つの「エンハンサー領域」がある。これは、遺伝子に隣接または近接するバーコードのようなＤＮＡ配列だ。各バーコードは、遺伝子をオン・オフする特定のタンパク質分子の結合部位で、タンパク質が結合すると、特定の組織でその遺伝子をオン（活性化）またはオフ（発現停止）に切り替えることができる。この特定のスイッチタンパク質は、遺伝子が読み取られる（転写される）かどうかを制御するため、**転写因子**と呼ばれる。転写因子はそれ自体、活性化または発現停止させることができる他の遺伝子の産物だ。特に一つの遺伝子が多くのエンハンサー領域をもつことができるため、転写因子を含む微調整された相互作用シグナルとフィードバックループから成る複雑なウェブが存在することが可能になる。ホルモンなどの他の分子は、転写因子と相互作用することによって機能するようだ。

　また、ＤＮＡ配列には変化がないのに遺伝子の発現が変化する現象を指す「**エピジェネティクス**」という言葉は、大まかに定義された「包括的な用語」として使われることがある。すなわち、環境に対する柔軟な応答が、どのようにしてＤＮＡとの化学的相互作用を引き起こすのか、そしてどの遺伝子の発現に影響を与えるのかを説明するために使われる。エピジェネティクスに提示されている主な二つのメカニズムは、化学フラグによるＤＮＡのタグ付け（**ＤＮＡメチル化**）と、ＤＮＡが包まれているタンパク質（**クロマチン**[*7]）の変化である。この二つのメカニズムは遺伝子発現の変化に関係しており、あるものは次世代に継承されるようである。しかし、遺伝学者の多くは、エピジェネティクスの変化は遺伝子発現の変化の原因ではなく、遺伝子発現の違いを示す兆候なのではないかと考えている。問題となるのは、エピジェネティクスのメカニズムには、異なるＤＮＡ配列に選択的に反応して、特異的にどの遺伝子が活性化されるかを決める方法がないように思われることである。これは、継承可能であることが明確なメカニズムとＤＮＡ特異性をもつ調節エレメントとは対照的だ。

＊6　進化の過程で遺伝子を新しい機能に転用すること
＊7　クロマチンはＤＮＡとタンパク質（ヒストン）の複合体で、ここでいうエピジェネティクスの二つ目のメカニズムはヒストンのアセチル化

脳の遺伝子発現に対する社会的影響

動物が生きている間に経験することは、その動物の遺伝子のオンとオフの切り替えに影響を与える。切り替えの変更によって、動物の行動を社会的、物理的環境に合わせて微調整することができ、かなりの可《か》塑《そ》性《せい》が可能になる（図版10）。動物自身の行動が社会的、物理的環境に影響を与えるため、複雑なフィードバックが含まれる場合もある。この分野では、ミツバチとカワスズメ科の魚の行動の変化についてよく研究されている。

ミツバチの世界では、巣のなかでの社会的相互作用や他の刺激が*foraging*遺伝子の活性化に影響を及ぼす。ワーカー（働きバチ）は、巣のなかの幼虫に給餌する役割から、蜜や花粉を求め野外で採餌する役割へと切り替わる。採餌への移行は、通常、約２〜３週齢で見られ、脳内の数百の遺伝子の発現とホルモンレベルの変化を伴う。*foraging*遺伝子はこれらの重要な遺伝子の一つであり、発現が増加するとＰＫＧ酵素の産生が増加する。給餌から採餌への移行のタイミングは、それぞれのコロニーの必要性によって決まっており、日齢の進んだワーカーからの抑制フェロモンを介して調節される。日齢の進んだワーカーがいなくなると、若いワーカーはより早く（1週齢で）採餌に切り替わるように誘導される。通常より早く採餌に移行したワーカーの脳では、*foraging*遺伝子の発現が増加している。したがって、*foraging*遺伝子の発現と採餌活動への移行は、ミツバチの日齢によるものではなく、社会的な情報に対する応答である。ＰＫＧ酵素活性の役割は、若いワーカーの活性レベルを実験的に上げることによって確認することができる。その操作により、若いワーカーは採餌行動に切り替わる。役割の移行は可逆的である。

アフリカ産のカワスズメ科の魚である*Astatotilapia burtoni*は、劣位の雄が戦いに勝って優位に立つと、その直後に新たに優位となったオスの脳の社会性に関する部分で多くの転写因子の遺伝子が活性化される。その結果、ニューロンの活動の変化を反映し

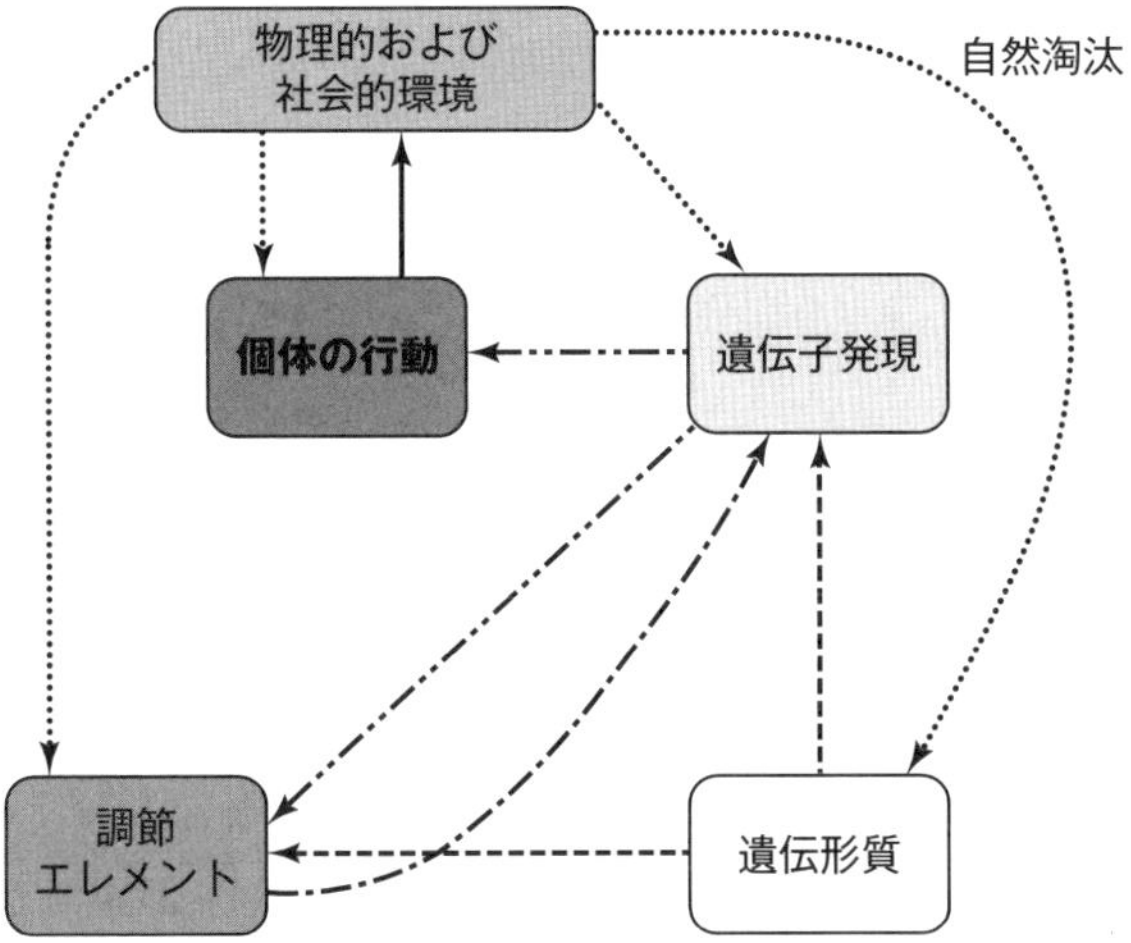

図版10　動物個体の生涯における行動の発達には、その個体の遺伝子と物理的および（他の種を含む）社会的環境との間の複雑な相互作用が関係している。

て行動にさらなる変化が生じる。生理学的変化は、脳の視床下部の特定のニューロンで高度に発現されるようになる転写因子の遺伝子*egr1*にも刺激されて、下垂体からの生殖ホルモンの放出をうながす。新しく優位に立ったオスは数時間以内に、卵を受精することのできる精子を生産する。ここでは、優位なオスになる機会をもたらす社会情報が、脳内の遺伝子発現に広範な影響を与える可能性がある。このオスがのちに別のオスに負けて優位性を失った場合、これらの変化は急速に逆転する。

表現型可塑性と発達経路

社会的条件を含むさまざまな環境条件下では、単一の遺伝子型が、さまざまな形態および行動の形で複数の表現型を生み出すことがある。オスのカワスズメ科の魚における可逆的な変化はその一例だ。ミツバチでは、餌として与えられるものに応じて、メスの幼虫の発育に顕著で不可逆的な変化が起こる。個々のメスの卵は、長命で繁殖を行う女王バチにも、短命で不妊のワーカーにもなる可能性がある。環境スイッチとなるのは、幼虫の世話をする育児ワーカーが生産するタンパク質が豊富な「ローヤルゼリー」だ。メスの幼虫にこのローヤルゼリーだけを与えた場合、いくつかの遺伝子のスイッチがオンになり、女王バチになる。メスの幼虫に主に花粉を与えた場合、他のパターンの遺伝子がオンになり、ワーカーに成長する。雌バチたちが蛹化《ようか》し、成虫へと羽化するときには、それぞれが期待される特徴的な行動と活動を行うワーカーや女王バチになるだろう。ワーカーと女王バチの脳、神経回路およびその結果として生じる行動には大きな違いがある。

サバクトビバッタ（サバクワタリバッタ）は、その個体数密度に応じて孤独相と群生相との間で変化する**相《そう》変《へん》異《い》**を起こすことで知られている。個体群密度が高いときには、群生相となり、数千平方キロメートルを覆いつくす数百万のバッタの巨大な群れを形成する。個体数密度が低いときには、孤独相で他のバッタを避けて生活し、群生したときの姿とはまったく異なって見えるため、かつてはこの二つの相は異なる種のバッタであると考える科学者もいたほどである。孤独相の幼虫から群生相の幼虫への切り替えは、他の個体を見たりにおいを嗅いだりすることや後肢を繰り返し触られることなど、多くの要因によって引き起こされる。こうした刺激が中枢神経系の特定の部位でホルモンのセロトニンの放出を起こすと、行動の変化が開始され、続いて神経系と体の残りの部分の遺伝子発現に変化が起きる。

動物の行動に対しては、環境と養育によるさらに微妙な影響も見られる可能性がある。これは、遺伝的に同一のマウス成体の行動における変異を観察する研究で見事に実証された。ヒトの双生児の研究に触発された研究者たちは、40匹の遺伝的に同一の実験用マウスを成体のメスでそろえ、多数の階層と区画からなる探索場所がある大きな囲いのなかに入れて観察した。各マウスに取り付けた電子タグによって、その活動を3カ月にわたって記録することができる。この研究では、マウスが環境を探索して動き回った量を測定した（社会活動を測るよい尺度だ）。すると、活動量にはマウス間で大きなばらつきがあり、この違いは時間の経過とともに増加することがわかった。

　マウスたちは遺伝的に同一であるにもかかわらず、最初に囲いのなかに放たれた実験開始時点でさえ潜在的にはすでに互いに異なっていた。こうした違いは、さまざまな初期の環境要因の結果であることが考えられ、すべてが潜在的に将来の行動に影響する効果となり得る。たとえば、この実験のマウスは多くの異なる母親から生まれてきたため、母親の栄養状態、育児能力、社会的地位により異なる母性効果を示す可能性がある。子宮内でそれぞれの胚の位置および隣接する胚の性別は、発生過程におけるホルモンへの曝露《ばくろ》に影響を与える可能性がある。出生後は、授乳をめぐる競争や巣のなかでの戦いの勝敗などの初期の経験が、別のメスから生まれた場合の母親の世話による違い以外に、同じ母親から生まれたものの間でも異なる経験をもたらす可能性がある。遺伝的に同一の動物が同じ環境でどのように異なる発達の仕方をするのかという実験結果には驚かされることがある。この実験は、行動の発達における社会的および環境的影響の重要性を思い起こさせてくれる。

性決定、そしてオスとメスの行動

大部分の種のオスとメスの行動には重なる部分と異なる部分とがある一方で、性決定のメカニズムには膨大な多様性がある。ヒトをはじめほとんどの哺乳類では、性は性染色体によって決定される（ＸＸでメス、ＸＹでオス）。オスとメスの胚は、オスらしい行動あるいはメスらしい行動のどちらをするかで分かれる。どの行動が発達するかは、胚発生後期に特定のホルモンパルスが起こるかどうかによって決まる。オスの哺乳類のＹ染色体に見られる*Sry*遺伝子は、胚に卵巣ではなく精巣の発生をもたらす。短い臨界期の間に、精巣はテストステロンの短いパルスを分泌する。この性行動を決定するホルモンパルスは、視床下部のニューロンを一生オスらしい行動をするように切り替える。メスには、テストステロンのパルスを生成する精巣がないため、脳がこのようにオス化されることはない。視床下部は、行動とホルモン放出の調節に関与する脳の重要な領域である（45ページ図版7）。成体の場合、テストステロンの日々の分泌量がオスの行動に影響を与える。

哺乳類とは異なり、他の脊椎動物はオスまたはメスに成長する際に、驚くほど環境的またはは社会的な要因に依存している。そのなかにはワニや数種のカメを含む多くの爬虫類における温度依存性による性決定もあり、メスは高温および低温で、オスは中温で生まれてくる。また、多くの魚類は成魚になると性転換する。たとえば、サンゴ礁に生息するクマノミはオスからメスに変わる。クマノミは、サイズを基準とする階層制のグループで暮らしており、最大の個体はメスであり、その配偶者であるオスは2番目に大きい。メスが死ぬと、オスは性転換してメスになる。そして以前は繁殖能力をもたなかった次に大きいオスが、繁殖オスになる（アニメ映画『ファインディング・ニモ』には、ニモが母親を失ったり、父親がニモを探したりする場面が出てくる。現実には、ニモの父親は巣に留まって、性転換をして母親になるはずだ）。

ショウジョウバエの場合、性決定は哺乳類とは異なる様式である。ショウジョウバエにもＸＹ／ＸＸによる性決定があるが、性はホルモンパルスによって決定されない。代わりに、性決定遺伝子は、それらが存在する個々の細胞のレベルで発生中に作用するため、オスとメス両方の細胞を用いて雌《し》雄《ゆう》モザイクの個体を人工的に作成することが可能だ。この個体で、特定のニューロンをオスまたはメスにすることによるハエの行動への影響を調べることができる。性行動の根底にあるさまざまなオスとメスの神経回路の発達に関与する重要な遺伝子は*doublesex*遺伝子と*fruitless*遺伝子であり、両者は一緒に作用する。両遺伝子は、オスとメスのバージョンで転写因子を生成する。*fruitless*遺伝子は昆虫にのみ見られるが、*doublesex*関連の*Dmrt*遺伝子ファミリーは動物界全体に存在していて、これまで研究されてきたすべての動物の性特異的分化において基本的な役割を果たしている（たとえば、哺乳類の性分化における*Sry*遺伝子への応答などがこれにあたる）。

２世代から何世代にもわたる効果

子孫に対する非遺伝的な親の効果（世代間）は多くの種で見られる。たとえば、群生相のサバクトビバッタのメスは、卵の周りの泡に**群生相誘導因子**を分泌するため、その卵から生まれた幼虫が群生相になる可能性が高くなる。哺乳類では、発生中の胚は母親の餌や生理機能、社会的地位の影響を受けることがある。このような効果は、胚における遺伝子活性化のさまざまなパターンにつながる可能性があり、生まれた個体の生理機能と行動に持続的な影響を及ぼすことになる。同様に、ある世代で受けた母親の世話の仕方の違いが次の世代に影響を与えることもある。たとえば、生まれたてのマウスが母親から受ける、舐められたり触れられたりする量は、遺伝子発現に持続的な影響を及ぼし、そのマウスが成体になったときの親としての行動に影響を及ぼし、さらにその子孫にも同様の影響を与える可能性がある。

モデルシステムとしての鳥のさえずり

　鳴禽類がさえずりを学ぶ方法は、本章の多くのテーマの集大成である。鳴禽類がさえずりを学ぶ方法とヒトの赤ちゃんが言語を学ぶ方法には多くの類似点がある。つまり、素質と学習の組み合わせだ。キンカチョウやカナリアなどの鳴禽類の若鳥は、自分と同じ種の身近な成鳥のさえずりを模倣することによって、感受期に同種のさ

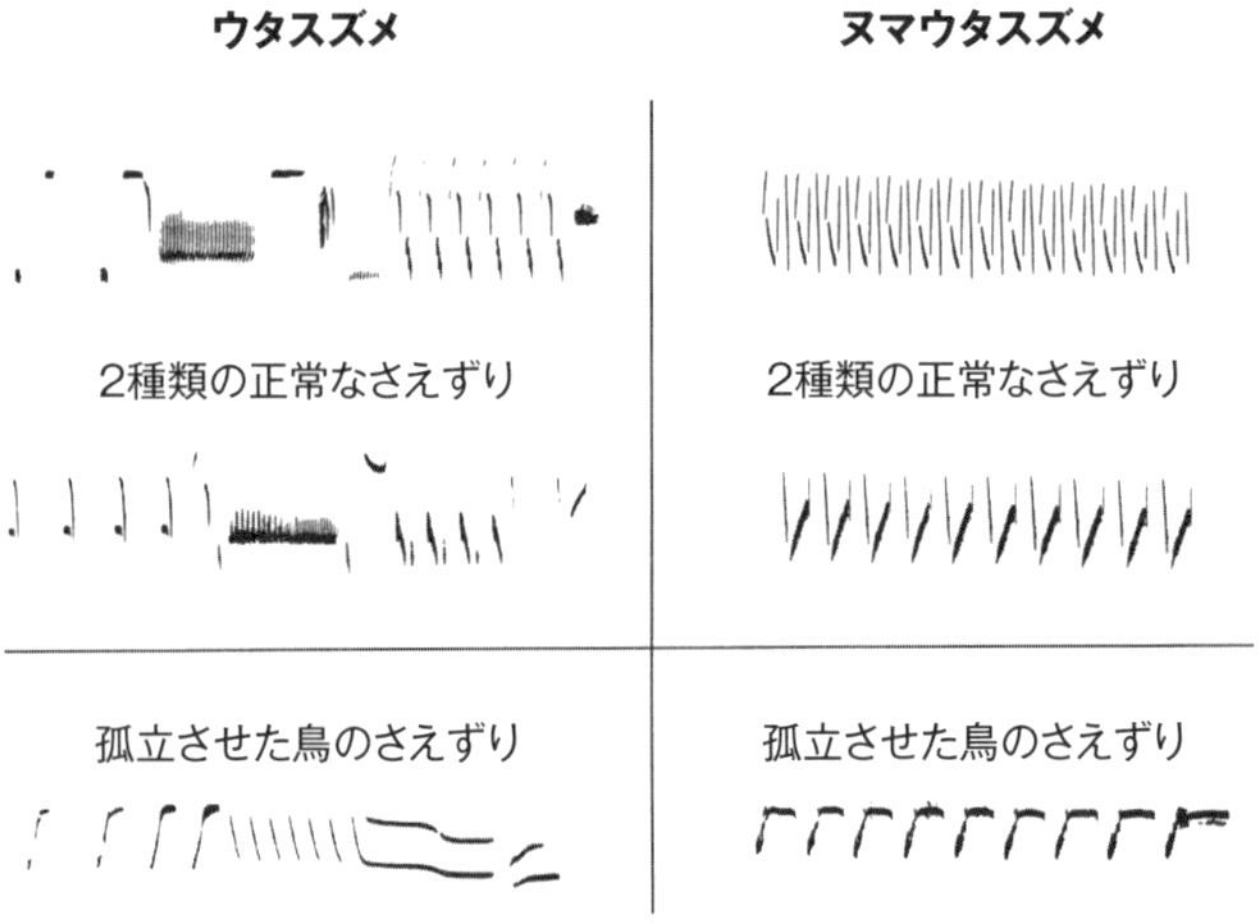

図版11　発生過程で自分と同じ種のさえずりを聴くことができたスズメは、ソナグラフで視覚化された成鳥としての正常なさえずりを行う（上）。感受期に同じ種のさえずりを聴けないように孤立させた鳥は、異常なさえずりを行う（下）。

えずりを学ぶが、他種の鳥のさえずりは無視する。成鳥のさえずりを覚えた後、若鳥はヒトの赤ちゃんの喃語《なんご》*8にも似た非常に変化しやすい**サブソング**（ぐぜり）を歌うことから始める。このサブソングは、若鳥が自身で記憶している**鋳型**と比較し、それに一致するまで独自のさえずりを修正することで洗練されていく（図版11）。赤ちゃんも、言葉をしゃべる前に聴くという同様のプロセスを経て、徐々におしゃべりを完成させていく。鳴禽類と同じように、ヒトにも言語学習が最も効果を発揮する感受期が人生の早い段階にある。そして思春期までの間、特に幼いうちは、ヒトは正式に教えなくても、自身が聞かされる６０００語程度のヒトの言葉をどれでも身につけようとする驚くべき素質をもっているようだ。

　鳥のさえずりとヒトの言語を学習し生成することに関係する、互いに接続された脳領域にも類似点がある。鳴禽類には、音の認識、記憶、さえずりの生成のための個別の特殊な脳領域がある。ヒトの乳児にも、知覚、記憶、および発話のための相互作用する脳領域が同様に組織化されているといわれている。哺乳類（ヒト以外の霊長類を含む）とほとんどの鳥類はこれほど複雑な音声学習を示さないため、この脳組織はヒトと鳴禽類で収斂《しゅうれん》したと

＊8　ヒト乳幼児の言語獲得に先立つ発声。泣き声や笑い声は含まないが、単語としては成立しないものをいう

考えられる。

　これら収斂で生じた神経回路は、多数の遺伝子の収斂による変化も伴う。最も研究されているものの一つが、若鳥のさえずりと（おそらくは）ヒトの言語の発達における*FOXP2*遺伝子の役割だ。*FOXP2*遺伝子は、他の何百もの遺伝子の活性化に影響を与える転写因子をコードしている。この遺伝子はもともと*foraging*遺伝子と同様、ショウジョウバエにおいて発見された。ヒトの*FOXP2*遺伝子の突然変異の希少な例は、一つの家族に3世代にわたって見つかった特定の言語障害に関するものである。鳥のさえずりの研究から、*FOXP2*遺伝子はその土台となる神経回路の初期の発達と、成体期における活用の両方に影響を与えていると思われる。*FOXP2*遺伝子はヒトが言語を学び、話すための脳の発達に関与する多くの遺伝子の一つにすぎないかもしれないが、鳥のさえずりに対する遺伝子の影響を研究することは、ヒトの言語の理解に役立つ可能性がある。

　鳥のさえずりの研究からは、さらなる発見が導き出されている。それは、脊椎動物の成体の脳がこれまで考えられていたよりもはるかに可塑的であるということだ。カナリアのオスの成鳥の研究では、主に神経幹細胞から新しいニューロンが生み出される**ニューロン新生**という過程のために、春になるとさえずりの原因となる脳領域が大きくなることが明らかになった。これは、毎年さえずりのレパートリーが新しく開発されることに関連している。哺乳類では、成体になっても神経新生が続くのはおそらく**海馬**と、嗅覚系に新しいニューロンを供給する領域（生涯を通じて絶えず更新される）の二つの脳領域に限定されていると考えられている。

遊び

本章は、行動の発達のもう一つの好例である「**遊び**」で終わるが、動物種ごとに異なるその機能はまだ解明されていない。

子ネコが毛糸玉で遊んだり、子ネコ同士でじゃれ合ったりすると、私たちは子ネコがヒトの子どもと同じように遊んでいると認識する。遊びは他の行動とは異なり、それ自体が自然発生的に繰り返され、しばしば過激化するようにも見える。遊びをするのは、ほとんどの哺乳類の子やカラスなど少数の鳥に共通する特徴のようだ（一部の研究者は、遊びは動物界全体で広く見られると述べている）。多くの哺乳類は他の個体を**遊びに誘う行動**をとる――幼い霊長類（ヒトを含む）は、次にとる行動が「本気」ではなく遊びであることを示す、リラックスして大きく口を開いた「プレイフェイス」と呼ばれる表情を見せることがある。遊びは成体もする。イヌは追いかけっこや取っ組み合いを始める前に互いに上体を低くしておじぎをする。イヌは飼い主にもう一度棒きれを投げてもらいたいときにも同じようにおじぎをする。ボノボの成体も、他の成体や若い個体とふざけるときにはプレイフェイスを示す。遊びには独自のルールがあり、たとえば、遊びのパートナー同士は交替で互いを追いかけたりする。

遊びは、本来採餌に費やすべきエネルギーと時間を奪うため、コストがかかる。動物の子は遊びに気を取られている間に、捕食者に捕まる危険性がある。たとえば、アシカに食べられたミナミオットセイの子の86パーセントは、捕まったときに他の個体と遊びながら泳いでいた。こうしたコストに対して、狩猟や格闘といった成体の行動の練習をさせたり、運動や社会的交流のスキルを開発させたりする機能が遊びにはあるという提案がなされている。このような理論は一見もっともらしく見えるが、実験的証拠はどの動物に関してもほとんど存在しない。たとえば、若いミーアキャットの遊びと成体の行動を追跡した詳細な研究でも、幼体時代の取っ組み合いが成体になってからの戦闘能力に影響を与えたという証拠は示されていない。そのコストにもかかわらず、非常に多くの動物種が遊びをする理由は謎のままだ。その答えには、私たちが言うところの遊び自体に、種によって異なる、さまざまな要因がいくつも含まれているのだろう。

4

学習と動物の文化

すべての動物は学習する

学習とは、「動物が個体として何かを経験した結果、その物理的および社会的環境に、より適した行動をとるように変わる能力」のことである。学習は、遺伝情報としてコード化するのが難しい柔軟性のある行動をとるための微調整に役立つ。これは神経系に固有の特性で、神経回路のモデル生物として使用されるアメフラシを含む、きわめて単純な動物でさえ、学習する能力をもっている（第2章参照）。記憶は、「学習した情報を保持して、将来の行動に反映させる能力」である。

学習の一種である**古典的条件づけ**のアイデアは、１９２０年代にロシアの生理学者イワン・パブロフによって有名になった。パブロフは、餌をやる前にベルを鳴らしたときのイヌの行動を研究していた。イヌはベルが鳴ることと餌がもらえることの関連性を学んだ後、餌がなくてもベルの音だけで唾液を出すようになった。これとは別種の学習として、**試行錯誤学習**がある。報酬は動物自身が偶然に行った行動にリンクされていて、特定の行動が報酬につながる場合にはそれは繰り返されるが、報酬のない行動は次第にしなくなるというものだ。実験者は自身が奨励したいように動物が行動するたびに報酬を与えることによって、これを開発することができる（この種の試行錯誤学習は、**オペラント条件づけ**

とも呼ばれる。オペラント条件づけは、ハトが間仕切りの壁をつついて報酬を得る**スキナー箱**の基礎となった）。

20世紀半ばのアメリカは実験心理学が注目された時代で、これらの学習理論は刺激となった。ラットやハトの学習を研究するために、迷路やレバーなどの装置を使った詳細で高度な実験が行われるようになったのが、この時代の特徴である。

学習に対する動物行動学的なアプローチは、やがて野生動物の行動へと焦点を移していく。動物が自分の子どもを認識し、より効率よく餌を見つけ、捕食者や有害なものを避けるといった、自然界で生きていく方法に関連する無数のタスクの根底には、どのような学習があるのか。野外における動物の行動を念頭に置きながら、実験室ではさらなる研究が重ねられた。

学習は行動反応に柔軟性を与える

動物が一つの種の成員として学習するのは、その種の生態と生活史に強く関連して進化してきた形質だ。たとえば、餌に対してジェネラリストである動物は一回の試行で学習する。このような動物はいろいろな種類の餌を食べることができるため、有毒な餌を二度以上食べることを避けながら、食べられそうなすべての餌を試す柔軟性が必要とされる。たとえば、成体のラットはなじみのない餌は少量しか食べない。食後数時間で体調が悪化した場合、ラットは一回の曝露で有害な餌のにおいを否定的な結果と関連づけることを学習し、その後はこのにおいをもつ餌を拒絶するようになる。この**味覚嫌悪学習**は、カタツムリ、昆虫、ヒトを含む動物界全体で一般的である（筆者自身も若い頃、嫌な思いをしたせいでジンのにおいには耐えられない）。興味深いことに、ラットはのちの体調不良によって味覚嫌悪を学習する能力を進化させたが、味覚と電気ショックを関連づけて学習することは簡単にはできない。これは、学習に対する種に特異な制約の例であり、実験結果を野外に適用する際の問題点も示している。

　鳥は、毒チョウの翅の警告色を、食べた後の悪影響と関連づけることを学習すると、これらのチョウを避けるようになる。この捕食回避の学習は、ターゲットとなる種の警告信号を意図せずに進化させることになる。その結果、毒チョウではない別のチョウも、毒チョウと似た色と模様に進化することがある。餌に対してジェネラリストであるコウモリは、味覚嫌悪をすぐに学ぶが、脊椎動物の血液（無毒な餌）のみを食す吸血コウモリは味覚嫌悪を学習しない。これは、味覚嫌悪学習は餌に対してジェネラリストである動物に進化した能力であるという説を裏づけている。

学習の準備ができている状態が動物のデフォルトなのかもしれない。ただし、学習を必要としない生得的反応も、状況によっては進化することがある。たとえば、何世代にもわたって常に存在しているが、一度の過ちが致命的となるような危険については、学習する機会がほとんどない。熱帯アメリカでは、鮮やかな色の有毒なミズサンゴヘビが、キバラオオタイランチョウに致命的な危険をもたらす。このため、ミズサンゴヘビに遭遇したことがない、人間の手で育てられた「未経験の」キバラオオタイランチョウの若鳥でも、ミズサンゴヘビの色と同じ鮮やかな色の赤、黄、黒の縞模様が描かれた模型を見ると警戒の声を発し避けようとする。だが、同じように「未経験の」アオカケスとイエスズメの若鳥は、ミズサンゴヘビがいない温帯を生息地とする種であり、そのような回避や警戒を示さない。

将来のために食料を隠す

鳥のなかには、以前、隠して貯蔵しておいた種子を回収する際に、驚くべき学習能力と記憶力を示すものがいる。

夏の終わりから秋にかけて、ハイイロホシガラス（カラス科）は、日中は毎日、アメリカシロゴヨウ（マツ科）の種子を集めて貯蔵する。舌の下にある嗉嚢《そのう》と呼ばれる袋状の貯蔵器官に最大１５０個の種子を詰めると、飛び立って貯蔵しにいく（図版12）。１羽のハイイロホシガラスが、最大２６０平方キロメートルの領域の２５００〜３０００カ所の異なる場所に３〜４個ずつ、合計３万個以上の種子を隠す。こうして貯蔵した種子を回収して食べ、北米西部の高山針葉樹林での厳しい冬を乗り切るのだ。種子は、１カ所の集中した「食料貯蔵庫」に隠すとほかの動物に発見されて盗まれてしまう可能性があるため、多くの場所に分散して隠す「分散貯蔵」と呼ばれる方法をとる。貯蔵されたす

図版12　貯食場所にマツの種子を隠しているハイイロホシガラス。その嗉嚢は、32キロメートル離れたアメリカシロゴヨウのマツボックリから収集した最大150個の種子で満たされている。

べての種子が鳥に回収されるわけではないため、樹木にとっても種子の散布という利点がある。アメリカシロゴヨウは、その種子の散布をハイイロホシガラスに完全に依存している。カケスも同様に、ヨーロッパナラのドングリを分散して貯蔵する。

分散貯蔵をする鳥は、貯蔵した種子ごとの場所を記憶しており、それぞれの場所の種子をすでに回収したかどうかも覚えている。ハイイロホシガラスの場合、最長9～10カ月後でも食物を隠した場所を思い出すことができる。室内実験では、この鳥が**ランドマーク**（目印となる木や建物）を使って隠した種子を見つける方法が明らかになった。実験では、ハイイロホシガラスは、砂場（アリーナ）に種子を隠すことが許された。砂場には一方の端に丸太、もう一方の端に岩があって、ランドマークとなっている。次に、種子を回収させるために鳥をアリーナに戻す前に、研究者は一方の端のランドマークを20センチメートルほど離れたところにずらした。戻ってきた鳥はその「移動した端」にあるランドマークの位置に惑わされ、約20センチメートルずれた場所を執拗に探索した。しかし、ついにそれまで手をつけずにいたもう一方の端の目印から、正しい隠し場所に行き着いた。ハイイロホシガラスは、複数のランドマークによる方向感覚を利用しているようだ。目印がたくさんあればあるほど、冬場に雪の下に貯蔵されている種子を見つけやすくなる。

鳥類と哺乳類の記憶、特に空間記憶に重要なのは脳の海馬と呼ばれる部分である。ご想像のとおり、分散貯蔵型の鳥種は、この行動を示さない近縁種よりも相対的に発達した海馬をもっている。分散貯蔵型の鳥の海馬の大きさは季節によって変化する。海馬は、貯蔵場所を記憶するのに必要なより大きな脳活動を見越して、またはそれに応じて、貯蔵が始まると次第に大きくなる。

ヒトにも、特に挑戦しがいのある空間記憶についての職務をこなす者がいる。たとえば、ロンドンのタクシー運転手は研修中に、2万5000の道路の名前と、何千もの名所を覚えなければならない。資格試験に合格するために必要な「知識」を習得するために、小型バイクで市内を走り回る研修生を見かけることがある。この3~4年かかる研修を終えた後に脳をスキャンすると、試験に合格した研修生の脳では海馬の大きさに増加が見られたが、対照被験者として調査に参加した一般人や不合格だった研修生の脳では増加が見られなかった(この研究開始時の脳スキャンでは、三つのグループの間に違いは見られなかった)。さらに、ロンドンのランドマーク間の距離の記憶を測定したテストでは予想どおり、合格した研修生は対照被験者や不合格の研修生よりも優れた成績を示した。だが、合格した研修生は複雑な図面を覚えるのが苦手だった。これは、彼らの空間知識や処理の増加が記憶に関する他の能力を犠牲にした結果、もたらされた可能性を示している。

学習するハチ

　ミツバチの脳はピンの頭よりも小さいが、非常に高度で複雑な行動を生み出すうえで、サイズは障壁にはならない。その脳は多くの脊椎動物に匹敵するほどの、多種多様な学習や記憶を可能にしている。

　ミツバチをそのような有能な採餌者にするうえで、学習は大きな役割を果たしている。ミツバチは蜜が豊富そうな花畑を発見すると、再びそこに来られるように場所を覚えておく。また、巣に戻ってきた採餌バチのダンスから花畑の場所を学ぶ（第５章１１０ページ図版17）。花は種によって蜜の供給源としての優劣があるので、ミツバチは採餌のたびに蜜のある花の形、色、香りを学習する（ミツバチは、それぞれの花を訪れるのに最適な時期と花畑の場所も覚えている）。その学習は迅速かつ正確で、最初に蜜を一口吸ってから４～５秒で、ハチは花の特徴と蜜という報酬を結びつけて覚える。この関連づけは数日間記憶として残り、学習が繰り返されると、関連づけは採餌バチとしての３週間の生活の残りの期間における花の選択に影響を与える。

　空腹のミツバチは、触角と**口吻**《こうふん》（舌を包む管）だけを自由に動かすことができる特別な装置に入れられても学習し続ける（図版86ページ図版13）。砂糖水がミツバチの触角に触れると、ミツバチは口吻を反射的に伸ばす。報酬としての砂糖水が舌に触れた場合、ミツバチはその報酬を、その時点で触角に吹きつけられているにおいと関連づける。これはパブロフの古典的条件づけだ。やがて砂糖水の報酬がなくなっても、においだけでミツバチが舌を出すようになるからである。

ミツバチが学習した口吻の伸張応答を研究することにより、記憶形成のさまざまな段階と、記憶が**記憶エングラム**（知的活動と行動制御に使われる知識）として保存される脳内の場所を研究できる。記憶エングラムは感覚入力と運動出力を統合する、特定のニューロン間の接続（シナプス）の継続的な変化として保存される。ミツバチの脳では、これらのニューロンは**キノコ体**と呼ばれる部分にあり、キノコ体は哺乳類の海馬と**前頭前野**に相当する。コンラート・ローレンツ（第3章参照）が最初に研究した行動

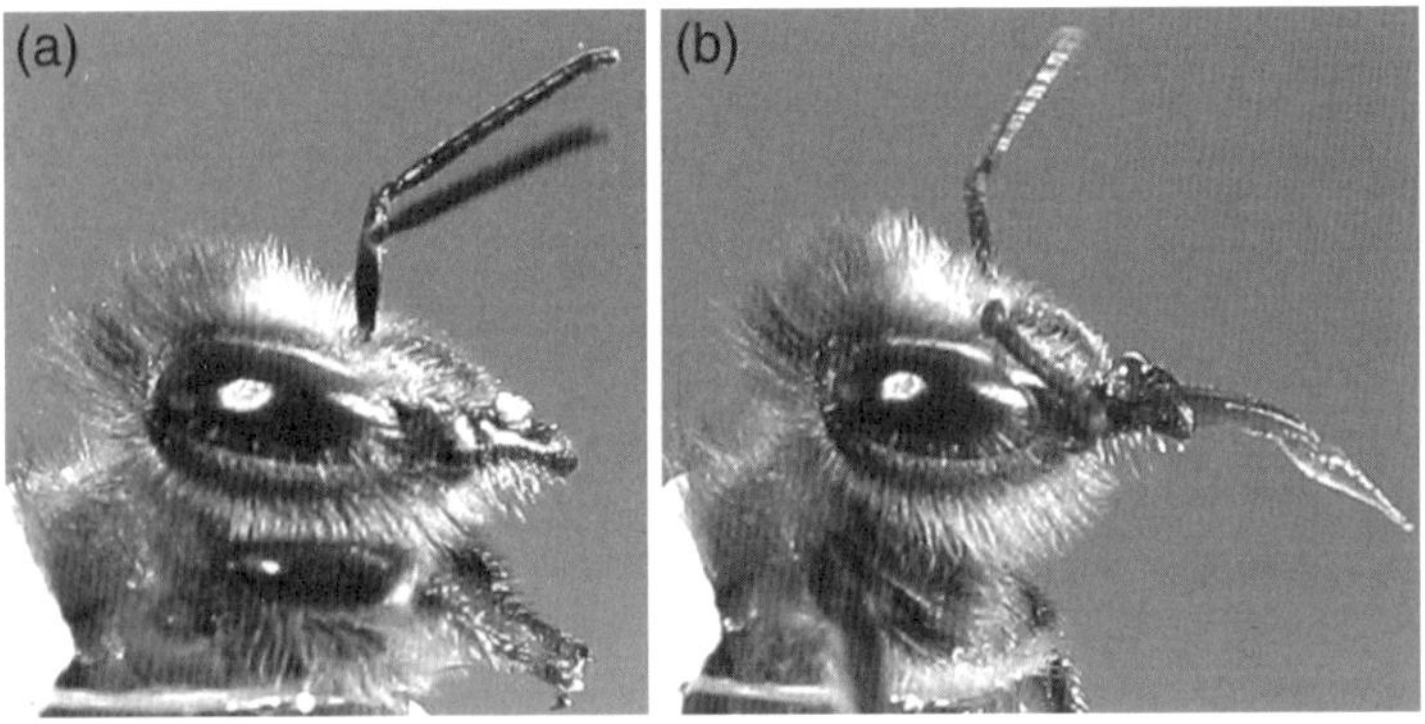

図版13　特別な装置に入れられたミツバチが、砂糖水の報酬と関連づけるように触角に吹きつけられたにおいに反応して、口吻を収縮（a）および伸長（b）させたことを示している。

の刷り込みをツールとして、エングラムの研究も進んでいる。家禽類の視覚的な刷り込み反応によって、研究者は鳥の前脳の特定の部位に記憶の痕跡を見つけることができ、脊椎動物の記憶形成について知る手がかりとなっている。

社会的学習と文化

ほかの個体から学ぶことを社会的学習と呼ぶ。社会的学習が世代を超えて行われると、文化的伝統につながる。

文化的伝統を説明するのによく用いられるのが、鳴禽類の種ごとに異なるさえずりの例である。これは、幼鳥が身近にいる同じ種の成鳥のさえずりを**模倣**することによる。世代間の文化伝達は、サンゴ礁にすむブルーヘッドという魚が、ほかに産卵に適した場所があるにもかかわらず、代々毎日同じ場所で産卵する理由を説明する際にも用いられる。これは、その場からすべての魚を取り除き、サンゴ礁のほかの場所から連れてきたブルーヘッドに置き換えることで実証された。新しく導入されたブルーヘッドは古い産卵場所を無視して独自の産卵場所を選択し、そこが産卵場所として新たな伝統になったのである。

文化伝達の最も有名な例に、野生の若いメスのニホンザルが開発した、砂のついた食物を洗ってから食べる行動がある。長期にわたってサルの行動を研究していた日本の研究者たちは、餌として砂浜にサツマイモをまいていた。観察の鍵となったのは、研究者たちがサルの行動追跡を個体ごとに行っていたことである。サルには一匹ずつ名前がつけられていた。最初に砂のついたサツマイモを水際に持っていき、砂を洗い落としたのが若いサルだったということは重要だ。この行動はほかの個体、特に若いサルによって模倣された。当初、母ザルたちは子どもから学んだ。数年のうちに、群れのほとんどのサルが、幼い頃に学んだこの方法で自分の食物を洗うようになった。

動物たちの革新と文化に関してよく知られるもう一つの例は、[*9]１９５０年代に、シジュウカラをはじめとするイギリス各地の鳥たちが家々の玄関先に配達された牛乳瓶のホイル製のふたに穴を開け、クリームを盗み食いし始めたときに発生した（当時の牛乳は乳脂肪分が多く、瓶の上部にクリームの層ができていた）。これもまた、模倣によって広がった行動だった。

野生の伝統を人為的につくり出すことは可能だろうか。それは可能である。オックスフォードにあるナラの森で、研究者が数羽のオスのシジュウカラに、食物の入った**問題箱**[*10]を開ける二つの同じくらい効率的な方法のうちの一つを教えた。その後、それぞれのオスは、どちらの方法でも開くことができる三つの自動化された問題箱とともに、「実演者」として森の中の異なる区域に放たれた。森の各区域にいる鳥たちは、区域ごとに放たれた実演者のオスたちから箱の開け方を学習できるだろうか。実演者たちが放たれた各区域のすべての野生のシジュウカラには個別の電子タグが付けられていたため、研究者にはそれぞれの鳥が問題箱を開くためにどちらの方法を使ったかがわかるようになっていた。20日以内に、実験区域の野生のシジュウカラの75パーセントが問題箱を開けられるようになったが、彼らが使用した方法は「その区域の」実演者のオスから教わった方法だった。新たに導入された区域の伝統は少なくとも2世代にわたって存続し、幼鳥は地元の成鳥が問題箱を開けるのを見てその方法を学習したようだった。一方で、問題箱の開け方をまったく教えられていないオスを放った対照区域では、野生のシジュウカラのほとんどが問題箱を開けることができなかった。

　社会的学習は動物に広く見られるが、ヒトのような方法で教えることはヒト以外の動物ではほとんどないようだ。例外の一つは、成体のミーアキャットが生きた獲物、特に毒のあるサソリの扱い方を子どもに教える方法だろう。成体はまず子どもに死んだサソリを与える。そして、子どもが少し大きくなると、毒針を取り除いた生きたサソリを与える。最

＊9　1920年代にはすでに報告されていた

＊10　動物の問題解決行動の研究に用いる、仕掛けを外すことで開くことのできる箱

後に、毒針のある生きたサソリを与えるのである。成体は子どもの取り扱い行動を監視し、獲物をつついて動かし、獲物が逃げれば引き戻す。子どもは、死んだサソリではなく生きたサソリを与えられたほうが、より早く獲物の扱い方を習得する。では、成体はどのようにして獲物の状態を子どもの成長に合わせるのだろうか。さまざまな齢のミーアキャットの子どもの鳴き声を録音して再生すると、成体は子どもの成長によって変わっていく餌を催促する声（餌乞い声）に獲物の状態を合わせているようだった。ただし、成体は獲物の取り扱いテクニックを実演しないので、本当に「教えている」のかどうか、一部の研究者は疑問視している。さらに、成体には子どものミーアキャットにできることとできないことを理解して対応している様子（人間の教育においては当然期待されること）は見られない。

文化的特徴が時間の経過とともに複雑さを「段階的に増していく」**累積的文化**は、ヒト独特の現象である可能性がある。チンパンジーの文化の伝達は、すでに何万年もの間使用してきた道具以上に複雑な道具の開発を許していない。それに対してヒトの文化では、個人が発明するよりもはるかに複雑なものを組み込んだ道具を開発し、製造することができる。ヒトの文化の伝達において可能なメカニズムを探究するある実験によって、両者の違いをいくらか説明できるだろう。その実験では、チンパンジー、オマキザル、ヒトの幼体の少数のグループが、開け方が段階的に難しくなる問題箱に挑戦した。三者を比較すると、ヒトの子どもたちのグループは、ほかの霊長類よりもはるかに難しい段階までパズルを順に進めることに成功した。ヒトの子どもたちが大きな成功を収めた要因には、協力と模倣、さらにはアイデアを説明するための言葉において優っていたことが挙げられる。これらはすべて、累積的文化という現象にとって重要なのだろう。

「動物も互いに学び合うことができるのか」「動物にも文化的伝統があるから、道具を使えるのか」「動物も論理的思考をしたり、言語を使ったりできるのか」といった関心の多くは、「どのような性質と行動がヒトの特徴なのか」、そして「もし特徴があるのなら、ヒトをそれ以外の霊長類を含む動物たちと分けるのはどのようなものなのか」という基本的な問いかけに私たちを引き戻すことになる。動物の行動の研究から得られた証拠は、私たちの能力の多くがほかの動物たちと一致していることを示している。

道具の使用

私たちはかつて、道具を使うのはヒト独自の能力だと考えていた。しかし、いまではさまざまな動物が道具を使う様子が観察されている。たとえば、狩りバチは巣穴を閉じるときに大《おお》顎《あご》で挟んだ小石を使って土を押し固める。ガラパゴス諸島のキツツキフィンチは、サボテンのとげを使って樹皮の下から昆虫を引っぱり出す。口から水を発射して水の上にある止まり木などから獲物の昆虫を撃ち落とすテッポウウオも、ヒト以外の道具使用者に含まれる。

異なるさまざまな道具を使うことができる動物もいる。チンパンジーは、石を使って硬い木の実を割ったり、小枝から葉を摘みとってシロアリを釣る棒状の道具をつくったり、丈夫な棒を使って食用の根や地下のハチの巣を掘り起こしたりする。彼らはまた、葉を裂き、嚙みつぶして吸水性のあるスポンジをつくり、木の穴にたまった水に浸して飲む。チンパンジーの集団が異なれば道具の使い方も異なるため、これらの例は文化的な伝統である可能性がある。ほかにも石器を使う霊長類はいる。ブラジルでは、オマキザルが木の実を割ったり掘ったりするための道具として石を使用している。タイでは、カニクイザルが石を使ってカキをはじめとする海岸で採れた獲物の殻を割ったりむいたりする。

野生のカレドニアガラスは、腐った丸太からコウチュウの幼虫を引っぱり出すためにさまざまな道具を使用する（図版14）。カギ状のフックを残すために小枝から側枝を取り除いて道具をつくるカラスもいれば、その端にとげの列がある特定の葉から細長い一片を引き裂いて道具をつくるカラスもいる。人間に育てられたカレドニアガラスも道具を使う傾向を示す。ほかのカラス科の鳥も、室内実験では道具を使う興味深い能力を示すが、野生では使わない。おそらく、野生で道具を使用しても通常の餌の収集には利点がないからだろう。たとえば、通常は道具を使わないミヤマガラスも、研究室では水の入った細い管に石を落として水位を上げ、水面に浮かび上がってきた昆虫を捕ることができた。

動物たちは何を考えているのか

　餌を手に入れるために道具を使用するチンパンジーとカレドニアガラスの動画は注目に値するし、説得力がある。その反応のいくつかを動物の考えによるものとするのは魅力的だ。だが、一つの行動を「アハ・モーメント（ひらめきの瞬

図版14　カレドニアガラスは、小枝からつくった道具を使ってコウチュウの幼虫を引っぱり出す。

問）」の意味も含めた「考え」によるものとしてしまうと、そのタスクがどのように達成されたのかを理解するには役立たない。実際には、もっと単純な思考過程の結果である可能性がある。場合によっては、以前の経験が重要になることもある。たとえば、石を落とすミヤマガラスは、以前は別の状況で石を管に押し込むように訓練されていた（あるいは、ほかのミヤマガラスがそれをしているのを見たことがあった）のかもしれない。

人間は「幅広く適用できる」知性と問題解決を高く評価する傾向があるが、移動経路を学んで同じ経路をたどるといった「狭い範囲に特化した」知性も、特定の種類の効果的な問題解決につながる可能性がある。たとえば、ハイイロホシガラスは、自身が隠した種子を見つけるという特定のタスクには非常に優れている一方で、色に基づく学習テストなどのタスクでは、カラス科のほかの鳥たちと成績は変わらない。

ヨウムに関する30年以上にわたる忍耐強い研究は、この鳥が抽象的な概念を処理し、幼い子どもと同じ程度の英語の話し言葉を習得して使用できることを示した。アイリーン・ペパーバーグはアレックスという名のヨウムとの社会的なやりとりを介して単語を物体やその属性（色など）に関連づけて教える、非常に効果的な方法を考案した。アレックスは物体を名前で要求し、それらに関する英語の簡単な質問に答えることができた。たとえば、ペパーバーグは彼に特定の物体を見せて、「何色？」（アレックスの返事「緑」）、「どんな形？」(「四角」)、「何でできている？」(「木」)、「何のおもちゃ？」(「ブロック」)と尋ねることができる。このように反応するには、アレックスはこれらの名前と、色、形、素材(物質)、おもちゃの概念を理解する必要があった。彼はまた、より大きい／より小さい、同じ／異なる、「ない」などのより抽象的な概念を扱うこともできた。彼は最大六つの物体を正しく数え、数量を表す数字を言うことができ、「ない」という概念を自発的に考え出した。ペパーバーグとアレックスがやりとりする動画は非常に魅力的である。

　ミツバチも対称性と非対称性、上と下の違いなど、抽象的な概念を学習する優れた能力をもっている。ミツバチは、同じか異なるかという概念も学習することができる。迷路のなかを飛ぶとき、迷路の入り口にあるシンボルと同じ(または異なる)シンボルに向かって進む方向を変えることを学ぶのである。ミツバチは概念をほかの刺激に移すことも学べるので、たとえば、二つの色に関する概念を学習した場合、二つの模様の選択にも同じ概念規則を適用することができる。興味深いことに、私たちは相手がミツバチだと、鳥類や哺乳類ほどヒトに近い知性をもっているとは思わない。

　動物の心を理解しようとするときの課題のいくつかは、動物たちがその置かれた状況でヒトと同じような考え方をすると仮定する「擬人化」の傾向から来ている(動物の意識については第8章で説明する)。たとえば、ヒト以外の動物も、私たちと同じような「**心の理**

論」をもっているとすれば、ある個体が別の個体も意図や欲求をもっていることを理解できると想像しがちである。この可能性を探究するために、特にチンパンジーやアメリカカケスなどのカラス科の鳥を対象に多くの詳細な実験が行われてきた。たとえば、ネイサン・エメリーとニコラ・クレイトンは、アメリカカケスが後で食べようと餌を隠しているところを目撃した。ハイイロホシガラスとは異なり、アメリカカケスは社交的なため、餌を隠そうとしているのを別の個体が観察し、場所を確認し、後でそれを盗む危険性がある。室内実験では、アメリカカケスは食物をこっそり隠したり、別のアメリカカケスの様子を一部始終見たりすることができた。あるアメリカカケスが餌を隠しているところを潜在的な泥棒に見られてしまった場合、その鳥は餌を新しい場所に隠し直す可能性が高くなる。しかし、自身が泥棒をしたことのない「未経験の」鳥は、餌を隠しているのを見られても、隠し直そうとはしなかった。これらの結果から、餌を盗んだ経験のあるアメリカカケスは、ほかの鳥が餌を隠しているのを見たときに、自分の隠した餌が盗難の危険にさらされている可能性と自身の経験を関連づけることができることがわかった。

こうした一見すると他の個体の心を読んでいると思わせる観察の数々から、ほかの動物もヒトのような洞察力と知性を示していると考えがちだ。だが、サラ・シャトルワースは、行動の手がかりに対する反応と、他者の心についての推論を区別することが重要だと指摘する。連想的学習、行動の手がかりへの反応、その種の典型的な傾向といった単純な精神的過程は、心を読んでいるとする説明と比べるとかなり「興ざめ」かもしれないが、これらの複雑な行動の多くを説明できる可能性がある。

皮肉なことに、私たち自身の行動が、擬人化された解釈では十分に説明しきれないことがよくある。私たちも、経験則や単純で無意識の、時には不合理な過程を用いることがあるが、それはほかの動物と共通している。動物のこうした単純なメカニズムを評価し、研究することは、私たちが自分自身をもっとよく理解するために役立つかもしれない。

5

生き残るための信号

メッセージを伝える

動物たちは多種多様な方法でコミュニケーションをとる。鳥のオスは配偶相手を惹きつけ、ライバルを撃退するためにさえずる。鮮やかな色のヤドクガエルは、捕食者に対して毒で防御していることを知らせる。オスのシオマネキは、メスに向かって大きなハサミを振って求愛する。動物たちがコミュニケーションをとるときには通常、受信する側が行動を変えることで反応する。なかには、受信者の反応が生理機能と行動に影響を与えるゆっくりとしたホルモン変化を伴う例もあり、その研究は難しくなる。たとえば、ジュズカケバトのメスだけを一緒にして飼育すると、排卵しなくなる。だが、窓越しにオスのジュズカケバトの求愛ディスプレイを見せるだけで、メスのハトの脳の視床下部は十分に活性化し、下垂体を刺激してホルモンを放出させる（第2章45ページ図版7参照）。これらのホルモンはメスの卵巣にエストロゲンを分泌させ、それが排卵をうながし、巣づくり行動を促進する。

動物のコミュニケーションには、視覚、聴覚、嗅覚と味覚、触覚、電気感覚などが用いられる。**信号**には一つの感覚だけではなく、複数の感覚が含まれる場合もある。ハエトリグモのオスの求愛信号のなかには、視覚的な手旗信号（第一脚を上げて振る）と、メスと共有する葉を介して送る複雑な振動を組み合わせたものがある。

信号は相手（受信者）の行動を変えるために進化するが、信号は受信者側の反応も進化してはじめて機能する。動物は**手がかり**にも反応する。たとえば、カはヒトのにおいや体温といった手がかりに惹きつけられる。カは私たちのにおいと熱を検出するために高感度の受容体を進化させたが、私たちのにおいと熱はカを惹きつける信号として進化していない。そこが、手がかりと信号の違いだ。私たちは生きているだけでにおいや熱を発するけれど、むしろカに見つからず、刺されないほうがありがたい。

そのような手がかりに反応することが自然淘汰における利益をもたらす場合、手がかりは進化して信号になる。たとえば、キンギョの性フェロモンはメスのキンギョのホルモンと関係した物質である。では、ホルモンはどのようにしてフェロモンとして採用、転用されたのだろうか。進化の過程をさかのぼるとおそらく、産卵時の放出に向かってメスの卵が成熟していくときに、ホルモンがえらから尿の中に漏れ出したものと思われる。ホルモン分子のにおいを感じとることができる突然変異体のオス（においは空気中と同じく水中でも機能する）は、卵が放出されたときに最初にメスのもとに到達できるので、性淘汰のうえで有利に働く。オスは、ホルモン分子のにおいに対する感受性がますます高まると同時に、誤った警告を与えるような類似した分子に刺激されるのを避けるため、受容体の特異性が高くなるように淘汰される。そして、オスがメスに惹きつけられて、そのメスの卵を受精させることが増えるにつれて、メスも進化の過程で次第により多くのホルモン分子を生成するように淘汰されていく。こうしてホルモン分子は「信号」となる。

　信号を進化させるもう一つの方法は、受信する側が既存の感受性をうまく利用することである。

　熱帯に生息するアノールトカゲは、動く昆虫をじっと見つめる待ち伏せ型の捕食者だ。このトカゲの脳は、穏やかにそよぐ葉を背景にして動き回る昆虫たちの、葉の動きとは対照的な素早いギクシャクとした動きを視覚的に検出するように調整されている。オスのアノールトカゲはメスを惹きつけ、敵を威嚇してなわばりを守るために、頭と喉元にある色鮮やかな咽《いん》喉垂《こうすい》を上下にすばやく振って相手に見せつける。このディスプレイ行為は、受信者の脳内の視覚的運動検出回路を刺激するために、適切な速さで頭を上下に振ることから始まる。この信号ディスプレイは、獲物の動きに対する受信者の感受性をうまく利用するために進化したものであり、受信者の注意を喚起することになる。

　信号の発信者と生息地に物理的な制約があると、信号は受信者に効果的に伝わるように進化する。物理法則によって制限されるため、植物の汁を吸う1センチメートル未満の昆虫は、空気中で減衰する高周波の超音波しか生成できない。そのため、ハエトリグモと同じように、植物の茎に沿って振動による非常に効果的な求愛メッセージを送る。視覚信号の場合、生息地の環境光による背景とのコントラスト、および受信者の眼の「光の波長（色）の感受性」が、信号の進化の重要な要素になる。この検証は、ベネズエラのさまざまな高度の熱帯雨林に生息する、黒い羽をもつ四種のマイコドリ（*Pipra* 属）の求愛ディスプレイを用いて行われた。林床の暗がりでディスプレイを行う二種のオスは、背景と強いコントラストを成す青と赤の頭頂部をもっているが、中程度の高度に棲む種のキガシラマイコドリは、オレンジ色の頭頂部をもつことで、光の隙間を移動する際に目を引くディスプレイを行う。さらに、林冠に生息する種は、明るい日差しのなかでコントラストを最大化する白い羽冠をもっている。

正直な信号

動物界全体で、同じ種内で発信する信号は概して正直であるようだ。これは意外に思われるかもしれない。では、動物がコミュニケーションをとるときに、誇張したり欺いたりするのを防いでいるのは何なのだろうか。理由の一つは、信号は一般に「役に立つ情報」か「真実の情報」を伝達しなければならないということだ。さもないと、イソップ寓話のオオカミ少年が村人たちから次第に無視されるようになったように、受信者は信号を無視する方向に進化してしまう。

さらに、さまざまなメカニズムが加わることによって、ほとんどの信号が正直であることが確保されているようだ。第一のメカニズムは、信号の発信者にもともと備わっている特徴（**インデックス**）を反映した信号に適用されるもので、これは偽造できない。たとえば、ヨーロッパヒキガエルは春になると、池に集まって産卵する。オスはメスの背中をつかんで繁殖ペアになる。ペアになっていないオスは、ペアのオスを追い出して後釜に座ろうとする。ペアになったオスに別のオスが挑んでメスの上から追い払おうとすると、ペアのほうのオスが鳴く。その鳴き声はオスの体の大きさを示す信頼できる信号となる。体の大きなオスほど低い音程の声を出す長い声帯をもっているからである。これを検証するために、研究者はカエルの口を輪ゴムで縛って、いくつかのペアのオスたちを一時的に沈黙させた。次に、別の中くらいのオスがそのカエルをメスの上から追い払おうとしたとき、研究者たちは沈黙させたオスのそばで低音と高音のカエルの鳴き声の録音を再生した（図版15）。すると、沈黙したペアのオスの体が大きいか小さいかにかかわらず、低い鳴き声が再生されたほうが攻撃の回数は少なくなった。ライバルのオスは鳴き声を、攻撃が成功する可能性を測る信号として用いているようだ。低い鳴き声をもつ体の大きなオスほど、メスから引き離すのが難しいからである。

信号を正直に保つ第二のメカニズムは、不正行為をした場合の潜在的なコストである。アカシカは繁殖期になると、ハーレムの所有権をめぐって咆哮《ほうこう》を競うコンテストをする。ヒキガエルの鳴き声と同様に、雄ジカの咆哮の特徴はその体の大きさを示す信頼できる指標となる。通常は体の小さいほうが引き下がるため、コンテストが身体的な戦いに発展することはめったにない。ただし、実際の体のサイズよりも大きいふりをしている

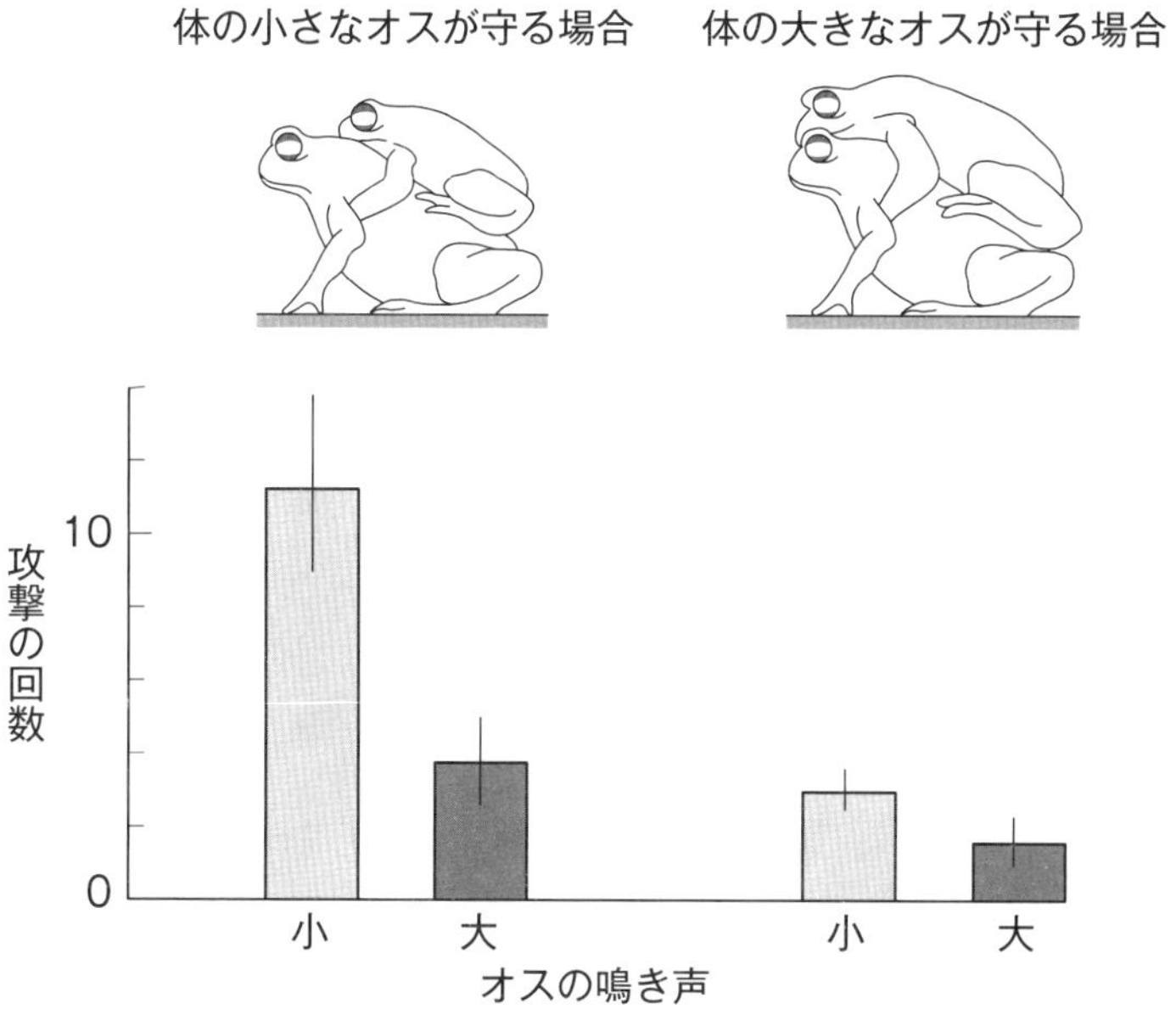

図版15　オスのヒキガエルは、体の小さなオスの鳴き声（高音）の録音を聴くと、メスの上にいるオス（体の大小を問わず）を追い払おうとする可能性が高くなる。

動物には、傷つけられる可能性のある戦いが発生するリスクが常に存在する。多くの鳥種には「ステータスバッジ」がある。たとえば、カオグロシトドの優位の個体には、喉元の羽毛に「よだれかけ」のような濃い色の模様があるが、劣位の個体は白っぽいままだ(図版16)。劣位の鳥に人為的に色の濃いよだれかけを描くと、優位な個体が戦いを挑んでくる。明るい色の羽よりも暗い色の羽を生じるためのエネルギーコストはほとんどかからないが、相手の眼を欺く不正行為のコストは、うそをついて優位を主張することで相手から攻撃されるというかたちで返ってくる。同様に、ヨーロッパアシナガバチの「上唇《じょうしん》」にも、優位な立場を反映する黒い点の顔パターンがある。実験者が劣位の個体の上唇に黒い点を描き加えると、その「詐欺師」は群れの支配的なメンバーからの攻撃の対象になる。カオグロシトドもヨーロッパアシナガバチも、カラーバッジを使って個体の優劣を評価しているようだ。

共通の利益が存在して、信号が双方のためになる場合、不正行

図版16　カオグロシトドの羽色の多様性。群れのなかでは喉元の羽毛の色が濃いオスほど優勢で、ほとんどの戦いに勝利する。

為は無意味となる。オスとメスが同じ種の成員として互いを認識するための種認識信号において、ごまかすことは何のメリットももたらさない。他の種の成員との交配は繁殖力のある子孫が生まれず無意味なため、正直であることがオスメス双方の利益になる。ミツバチの巣のなかでは、すべてのミツバチは同じコロニーの一部であり、利益を共有するため、よい蜜のありかの方向と距離を示すミツバチのダンスも正直である可能性が高い。

ミツバチのダンス

　セイヨウミツバチは、巣の仲間に蜜の豊富な花畑の位置を伝えるために、**8の字ダンス**を踊る。オーストリアの動物行動学者カール・フォン・フリッシュが解明したこのダンス言語は、霊長類以外の動物が行うコミュニケーションの最も洗練された例だろう。この発見の重要性は、フォン・フリッシュがコンラート・ローレンツ、ニコ・ティンバーゲンとともに1973年のノーベル生理学・医学賞を受賞したことによって有名になった。

　1919年、フォン・フリッシュは、採餌中のミツバチ1匹が砂糖水の入った皿を見つけると、同じ巣箱から多くのミツバチがやってくることに気づいた。彼はまた、ガラス張りの観察用巣箱の巣の表面でミツバチが特有の8の字ダンスをすることにも気づいた。フォン・フリッシュは、この現象を調べる実験にその後50年近くを費やすことになる。

フォン・フリッシュは、砂糖水のある餌場を訪れた採餌ミツバチにそれぞれ異なる色の点を描き、目印をつけて観察用巣箱で観察することで、砂糖水の豊富な餌場から戻ってきた採餌バチのダンスを研究できるようにした。暗がりに垂直に立つ巣板の上で８の字ダンスをする採餌バチは、腹を左右に振りながら、特定の方向に繰り返し動き回る（１１０ページ図版17）。餌場（通常は花畑）までのベクトル、方向、距離を知らせるダンスをするミツバチはその跡をたどろうとする仲間のミツバチたちに囲まれている。ダンスの際にミツバチが直線部分を進むときの角度は、太陽のある方向に対する餌場への経路の角度を示す（１１０ページ図版17）。餌場までの距離は、ミツバチが直線部分を進む時間が表している。こうして人間の観察者もダンスの暗号を解読できるようになった。ダンス１秒の持続時間が約７５０メートルに相当する（暗号の変わり得る性質として、ミツバチの系統が異なると、同じ距離を示すのに異なる持続時間が用いられることもわかった）。より蜜が豊富な餌場は、ダンスで回る数の多さによって伝えられる。

日中、太陽が空を時計回りに移動すると、特定の餌場を示す直線部分の角度も、太陽の位置の移り変わりに応じて変化する。太陽コンパスの重要性と、ダンスがどのようにしてベクトルの方向を知らせるのかについてフォン・フリッシュに注意喚起したのは、この反時計回りに1時間あたり15度という一貫した角度変化だった。太陽が雲に覆われている場合、雲の切れ間からのぞく青空の偏光パターンが、ミツバチに太陽の位置を示す。空が完全に雲で覆われてしまっている場合、ミツバチはランドマークを使ってその日の太陽がどこにあるかについて、高度な記憶を用いて伝える。

　ミツバチは餌場までの距離をどのようにして推測するのだろうか。初期の研究は、ミツバチが餌場まで飛ぶために消費されたエネルギーの量によって距離を測定する、と推論していた。しかし、その後の研究で、ミツバチが餌場まで飛んでいく際に眼に映る風景の画像がどの程度動くかによって、距離を測定することが示されている。これを検証するために、ミツバチを訓練して、幅わずか12センチメートルのトンネル内を飛行してフィーダー（餌箱）に入るようにした。トンネルの壁は、さまざまな視覚刺激を映して操作できる。**オプティックフロー**[*11]が多い視覚的に複雑な壁パターンをもつトンネル内を飛ぶミツバチは、飛行距離を大幅に過大評価してしまう。そのミツバチは、トンネル内での６メートル分の飛行を、屋外で１８０メートル飛行するのと同等の持続時間のダンスによって示した。このダンスに従った仲間のミツバチは判断を誤り、もっと遠い距離にある存在しないフィーダ

＊11　自分自身が動くことによって生じる視覚上の動き

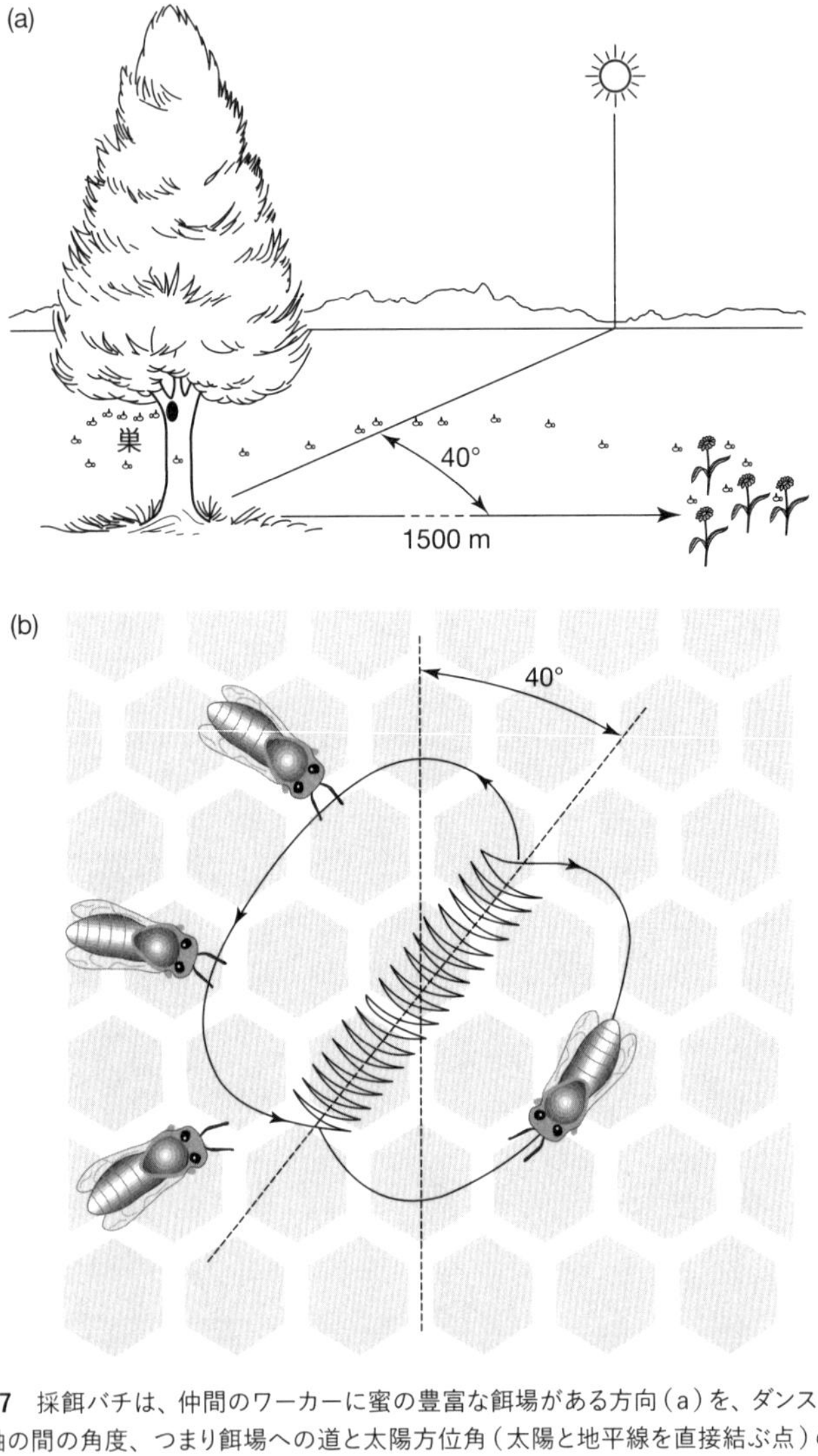

図版17　採餌バチは、仲間のワーカーに蜜の豊富な餌場がある方向（a）を、ダンスの軸と垂直軸の間の角度、つまり餌場への道と太陽方位角（太陽と地平線を直接結ぶ点）の間の角度（a、b）で知らせる。ダンスの持続時間（8の字の中心の直線部分を進む時間）は、餌場までの距離をコード化する（c）（111ページ）。

ーに向かって飛ぶことになる。それとは逆に、トンネル内に飛行方向と平行に走る黒い縞模様（ストライプ）があり、一貫して光刺激を提供している場合、ミツバチのダンスは実際よりも短い距離を示した。

１９６０年代には、「ダンスは餌場の情報とは無関係であり、情報はダンスをするミツバチによって餌場から運ばれるにおいから来ている」と主張する批判的な意見も現れた。この「ミツバチのダンス論争」は多くの研究者を刺激し、創意工夫を凝らした実験が行われ、ミツバチのダンスがもつ役割の重要性が改めて確認された。これらの実験には、オプティックフロー・トンネルの操作や、ダンスをして羽音をたてるようにプログラムされたコンピューター

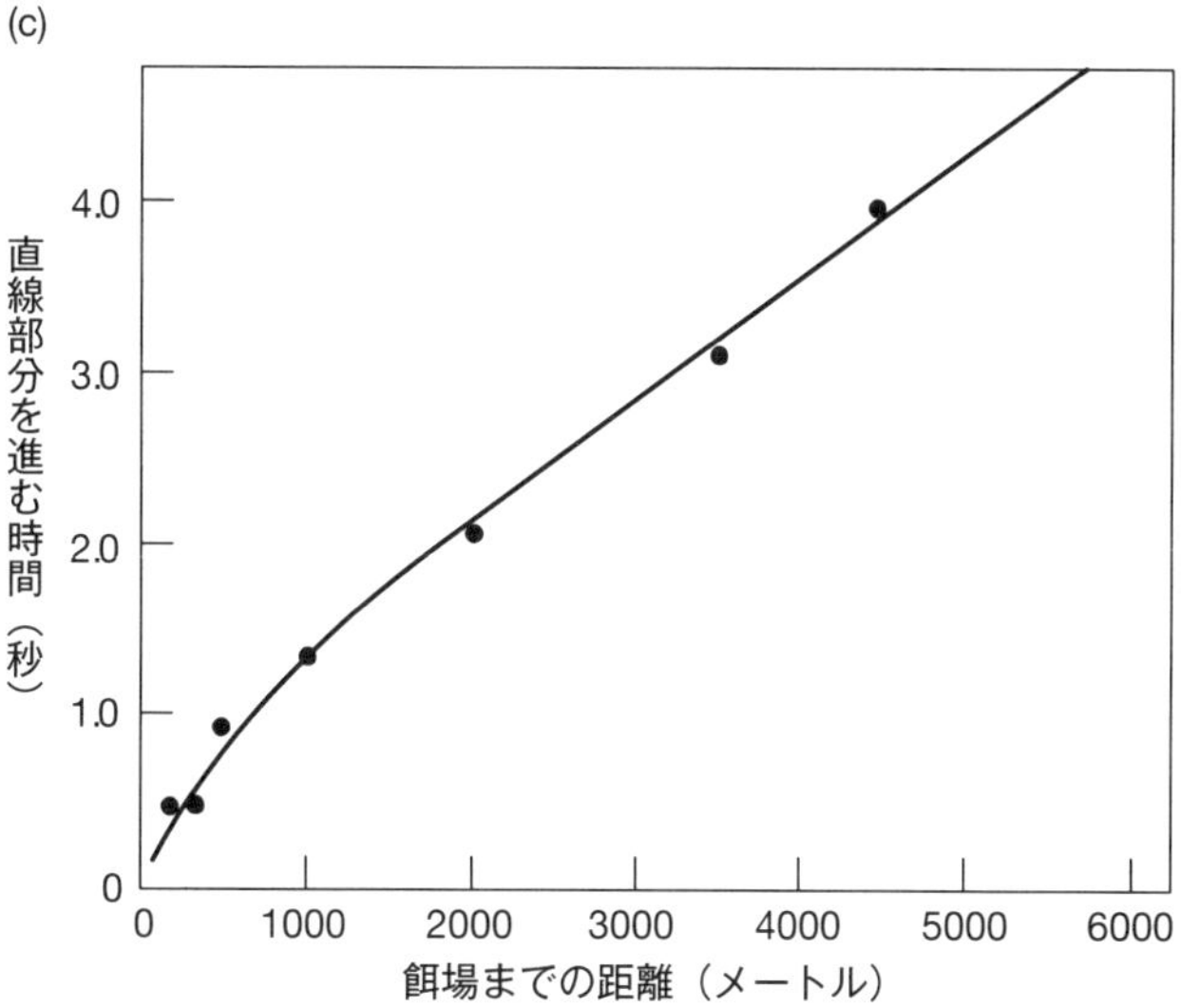

制御のメカ・ミツバチを使った実験も含まれていた。メカ・ミツバチのダンスは、仲間の採餌バチをどこにでも実験者が望む位置に送り、人間が暗号を理解していることを確認できるようにプログラミングされていた（ちなみに、ロボットの「キジオライチョウ」が発する人工の信号、コンピューターで生成されたカエルの鳴き声、魚のビデオなども、それぞれの種のコミュニケーションの研究に大きな成果をもたらしている）。

　採餌バチのダンスに対してミツバチが個々に反応すれば、コロニー全体で最大５００平方キロメートルにある最良の餌場に資源を割り当て、蜜であれ、花粉であれ、巣を冷却する水であれ、コロニー最大のニーズを優先させることが可能になる。ダンスをするミツバチは、自身が訪れた花畑の質はわかるが、その時点ではその資源がどの程度の価値をもつのかまではわからない。その答えは、「『蜜を降ろす』ミツバチが獲ってきた蜜をどれだけ早く嗉嚢から出して、解放されるか」にかかっている。蜜を降ろす行動が素早くできれば、蜜には需要があるので、そのミツバチは自身が見つけた花畑の位置に合わせて何度も８の字ダンスを行う。蜜を降ろすために行列待ちをしなければならなかったら、まったくダンスをしないこともある。

　８の字ダンスは、ミツバチの群れの新しい巣の候補地を見つけてきて仲間に伝える、探索バチにも用いられている（第７章参照）。

ベルベットモンキーの警戒声

東アフリカのサバンナで集団生活を送るベルベットモンキーは、危険な捕食者を見つけると、それがヒョウなどの陸上捕食者、ワシなどの空からの捕食者、またはコブラなどのヘビであるかによって、異なる警戒声を発する（１１４ページ図版18）。すると近くにいる群れの仲間たちは、それぞれの捕食者がもたらす危険によって異なる、明らかに高度に適応的な反応を見せる。ヒョウを見かけた仲間が発した「ギャ」という大きな警戒声を聴くと、地表にいるベルベットモンキーたちは、ヒョウが追いかけることができない木のてっぺんまで駆け上がる。２音節から成る「フンガ」というワシの警戒声を聴くと、空を見上げてから茂みに駆け込んで隠れる。「チェチェチェ」というヘビの警戒声を聴くと、ベルベットモンキーは２本足で立ち、足元の草を調べるのである。

ドロシー・チェイニーとロバート・セイファースは、ベルベットモンキーの群れの成員がさまざまな捕食者を見かけたときに発した警戒声を録音した。その後、捕食者がいない別の機会に、二人は隠したスピーカーから録音した警戒声を流した。するとベルベットモンキーは、実際に捕食者がいなくても、それぞれの警戒声に応じた反応を示したのである。たとえば、ワシの警戒声の後、空を見渡してから茂みに走った。これで、サルたちがそれ

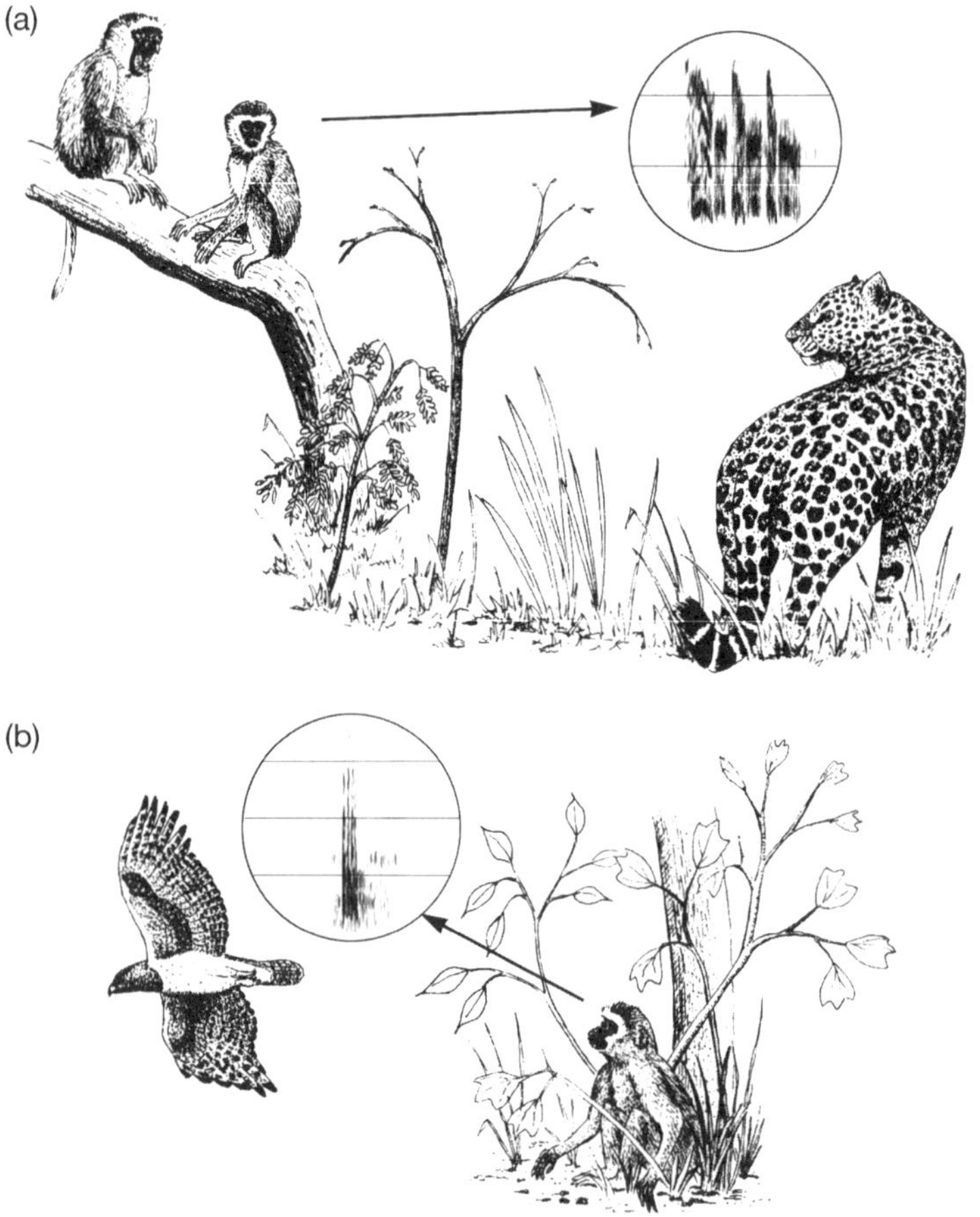

図版18　ベルベットモンキーは、危険を感じると捕食者に応じて異なる警戒声を発する。警戒声を受信した者の行動は各捕食者に対応したものになる。(a)ヒョウ、(b)ワシ

ぞれの警戒声だけに応答して適応的な行動をとっていることがわかった。

若いベルベットモンキーが初めて警戒声を発するときには、「間違える」ことがよくある。イボイノシシやハトなど、このサルにとって危険ではない種を見かけても警戒声を発してしまうのだ。ただし、その間違い方には一定のパターンがある。鳥や落ちてくる葉など空中を舞うものを見たときにだけ、ワシの警戒声を発するのである。ヒョウの警戒声は陸生の哺乳類を見たときにのみ発し、ヘビの警戒声はヘビに似た長い物体を見たときにのみ発する。若いサルは特定の警戒声と、たとえば危険なワシとの正しい関連性をどのように学習していくのだろうか。若いサルが初めてワシの警戒声を発すると、近くにいる成体のサルは空を見上げる。それが間違った警戒声だった場合、成体はそれまでしていたことに戻る。しかし、若いサルが実際に危険なワシを見つけた場合には、成体も一緒になって警戒声を発することが多い。チェイニーとセイファースは、こうした行動が若いサルが正しい警戒声を身につけるのを強化していると推測する。

ベルベットモンキーの警戒声は、ヒト以外の動物による情報伝達と信号機能の典型例とされてきた。だが、世界中の科学者が広範囲にわたって研究してきたミツバチのダンスとは異なり、ベルベットモンキーの警戒声の研究は最近まで追試されることはなかった。南アフリカに生息する別のベルベットモンキーの群れに対して行われた追試では、１９８０

年代の元の研究で見られたような明確な適応反応は示されなかった。そのような結果になったのは、２０１４年の追試では、対象とする群れのサイズが前回よりも大きかったなどのいくつかの理由で説明できる。これは、動物の行動研究における問題を浮き彫りにしている。発表者とは無関係な研究者が追試を行う機会はめったにない。通常は、同様の行動が別種の動物にも見られないか調査する程度だ。たとえば、警戒声の場合、ジリス、ニワトリ、森林に生息する霊長類など、多くの動物種が、さまざまな捕食者に対して異なる警戒声を発することがわかっている。

研究調査の反復可能性もしくは再現性は、動物行動学だけでなく、科学界全体の問題になっている。２０１５年に行われた、心理学に影響を及ぼした１００の研究を再現するプロジェクトでは、以前の研究と同じ結果が得られた割合が心配になるくらい少なかった（全研究の半分未満）。その理由として、調査研究の対象となるサンプル数が少ないことと、新たに肯定的な結果を発見して公開したがる科学者たちの願望とが組み合わさっていることが考えられる。心理学者たちはこの問題に積極的に取り組んでいるが、動物行動学者も追随してやるべきことはある。

種間コミュニケーション

ベルベットモンキーはまた、生息地を共有するツキノワテリムクという鳥を含む、他の種の動物が発する捕食者への警戒声も学習して、適切に反応する。別種の動物に共通の捕食者が存在する場合、その警戒声に反応することは自分たちの生存にも役に立つからである。

種間コミュニケーションは、補完的な狩猟スキルをもつ二種の魚が連携して獲物を捕まえることも可能にする。紅海では、サンゴ礁に生息するハタの一種 *Plectropomus pessuliferus* が繰り返し体を振動させる「シミー」と呼ばれる信号を使ってドクウツボを誘い、互いのためになる狩りに出かける。細長いウツボは、体の大きいハタには届かないサンゴ礁の亀裂のなかまで入り込んで獲物を狩ることができる。一方、開放水域の捕食者であるハタは、ウツボが亀裂から追い出した魚を捕まえることができる。ハタは、獲物が隠れている穴をウツボに指し示すために、穴に口先を突っ込み、逆立ちのような「ヘッドスタンド」ディスプレイを行うことがある。これは指示信号と呼ばれる。両者は狩りのパートナーとして、高い捕獲率という恩恵を受ける。

モザンビークでは、ノドグロミツオシエという鳥がヒトの蜂蜜ハンターの前を飛び、大きな木のなかにある野生のミツバチの巣へと誘導する。ヒトはこの偉大な蜂蜜ガイドの後をついていくだけだ。これは、ヒトと飼育下にない野生動物の相利共生のまれな例である(図版19)。採餌パートナーである鳥とヒトは、双方が信号を送る。ヒトの協力者を求めているノドグロミツオシエは、人々に近づいて「ティルティルティルティル」と大きな声で話しかける。この呼び声は自分たちのなわばりを主張するさえずりとは異なり、指示信号にあたるジェスチャーを伴う。ミツオシエは木から木へと飛び移り、追随するヒトが蜂の巣を見つけるまで、白い外側の尾羽を蜂の巣の方向に向けてちらちらと見えるように羽ばたかせる。蜂蜜ハンター側もミツオシエ

図版19　モザンビークのニアッサ国立保護区で、野生のノドグロミツオシエ(研究のために一時的に捕獲された)を手に乗せるヤオ族の蜂蜜ハンター、オーランド・ヤセニ

に声をかける。プレイバック実験では、ミツバチの巣を探しているモザンビーク人の蜂蜜ハンターが発する独特の呼び声によって、ミツオシエに案内してもらえる確率が33パーセントから66パーセントに倍増していることがわかった。これにより、同様の振幅をもつ他の動物やヒトが発する音と比較して、ミツバチの巣を見つけられる全体としての確率が17パーセントから54パーセントに増加した。ミツオシエ自身も、ほかの方法では手が届かなかった好物のミツバチの巣を手に入れる権利を得ることにより、相利共生の恩恵を受けられる。タンザニアやケニアなど、アフリカの他の地域の人々もまた、ノドグロミツオシエを追いかけて蜂蜜を得ているが、蜂蜜ハンターの発する伝統的な呼び声は地域によって異なる。

信号の搾取——盗聴と欺瞞《ぎまん》

聴覚信号は他の種に盗み聞きされると、壊滅的な影響を被ることがある。たとえば、メスを惹きつけるために鳴いていたオスのコオロギは、鳴き声を頼りにやって来た捕食者の寄生バエに殺されることになった（第1章参照）。研究が進んでいるもう一つの例が、熱帯の中米パナマに生息するトゥンガラガエルの信号である。オスのトゥンガラガエルは、トゥンという音とガラという音を複雑に組み合わせて鳴くが、オスが1匹しかいない場合、メスを惹きつけるために単純な呼び声で歌う（トゥン音のみ）。しかし、ほかのオスも合流してコーラスになった場合、オスは最大7回までのガラ音を加え、メスが気に入って見つけやすいように、トゥン音とガラ音を組み合わせた複雑な呼び声を発する。ある晩、カエルの研究者であるマイケル・ライアンは、同僚が近くのコウモリをかすみ網で捕まえるのを手伝ったところ、コウモリの多くがトゥンガラガエルを口に含んでいるのを発見した。プレイバック実験により、カエルクイコウモリも、トゥンガラガエルの呼び声でその居場所を突きとめていることが確認された。スピーカーでトゥンガラガエルの呼び声を再生すると、コウモリたちも急降下する。ガラ音によってメスのカエルと同様に、コウモリもオスのカエルを見つけやすくなるのだ。カエルクイコウモリは聴覚を特殊に進化させ、同種間の超音波による反響定位に使われる声（５００００ヘルツ以上）と、それよりもはるかに周波数が低いカエルの呼び声（５０００ヘルツ未満）の両方に敏感になった。オスのカエルにできる唯一の防御策は、池に向かって急降下してくるコウモリを見つけたとたんに呼び声を止めることである。コウモリに食べられるばかりか、オスのカエルの鳴き声はカエルを専門に狙う吸血バエさえも惹きつける。吸血バエもトゥンガラガエルのオスの複雑な鳴き声を好むのである。

配偶相手になる可能性のあるメスから送られてきたように見える信号でも、それを作成したのは欺瞞に満ちた捕食者だということもある。そのような場合、コミュニケーションをとること自体が危険だ。生物発光によるホタル（ホタル科のコウチュウ）の夜間の光点滅信号システムも、そのようなかたちで悪用されてきた。空中を飛ぶローバーホタル（*Photinus*属）のオスは、腹部の発光器から種固有の「フラッシュコード」を用いて光を点滅させる。同じ種のメスが自身の光を点滅させて応答すると、光信号のデュエットにつながり、デュエットは応答したメスをオスが見つけて求愛することで最高潮に達する。ローバーホタルのオスに及ぶ危険は、異なる属であるファム・ファタールホタル（*Photuris*属）のメスから来る。ファム・ファタールホタルのメスは専門の捕食者として進化しているからだ。ファム・ファタールホタルのメスは、交尾するまでは同属のオスからの点滅にのみ反応するが、交尾を終えると「ファム・ファタール（男を破滅させる悪女）」に変身し、まるでローバーホタルのメスであるかのように、ローバーホタルのオスからの点滅に応答して相手を欺く光の点滅を示す。デュエットに誘われたオスのローバーホタルが近づいていくと、ファム・ファタールホタルのメスが飛びかかって食べてしまう。野外実験では、ファム・ファタールホタルのメスの個体それぞれが、属が異なるローバーホタルの光信号と同じフラッシュコードで応答できることが検証されている。ファム・ファタールホタルによる捕食のリスクは、進化の過程で、ローバーホタル属が用いるフラッシュコードを変化させ、活動を夕方の時間帯へとシフトさせた可能性がある。

別のかたちの欺瞞は、メスのナゲナワグモに見られる。このクモは円形の網を張って昆虫を捕らえることをしない。その代わりに、メスは糸をボーラと呼ばれる粘着球に入れ、偽造したメスのガのフェロモンを詰める。フェロモンは近くにいるオスのガを誘惑し、クモはその粘着性のあるボーラを振ってガを捕まえる。ナゲナワグモの種のなかには、ある種のガのフェロモン分子の組み合わせを生成してそのガのオスを夕方早くに惹きつけた後に、より遅い時間帯に活動する別種のガのフェロモン分子の生成を行うことができる。

6

勝利のための戦略

行動生態学

行動生態学は１９６０年代から１９７０年代にかけて発展し、「動物の行動がどのように進化してきたか」を扱う学問分野として、新しいアイデアや効果的な検証方法を提供してきた。「１羽の鳥が特定のパッチ（採餌などを行うのに適した特定の場所や空間）で餌を探すのに、どのくらいの時間をかけるか」などの特定の問いかけを通じて、行動の進化が個体の生存や繁殖の成功とどのように関わっているのかを研究するものだ。また、比較手法を使用して、次のような問いかけも行う。「なぜある種の動物では成体のオスメス両性が子どもの世話をするのに、別の種ではどちらか一方の性しか世話をしないのか」、「なぜチンパンジーのオスはゴリラのオスに比べて体のサイズの割に大きい精巣をもつのか」。

適応は行動生態学の要《かなめ》となる統一概念であり、「行動は、その行動を示す個体の『**適応度**』を最大化するように進化する」という検証可能な予測につながった。適応度は、「ある個体がその遺伝子の複製を次世代に引き継ぐ」ことにおける成功の尺度だ。生涯にわたる適応度を評価することは難しいため、研究者は「エネルギー摂取量」や「捕食者から逃れることに成功した回数」といった短期的な尺度を使用した。

旧世代の研究者は、種全体に特徴的な行動を探究する際に、個体差を無視する傾向があった。しかし、行動生態学者は、個体間の行動の差異を入念に比較することで、適応に関する仮説が検証できることに気づいた。生存と繁殖に対する個体間の行動の違いが及ぼす影響を調べればよいのだ。たとえば、行動生態学者は次のように問いかける。「どちらの親がより多くの子孫を残すだろうか。四つの卵を産む親か、五つの卵を産む親か」。

「適応は適応度を最大化するための淘汰につながる」という考えは、動物がどのように行動すべきかについて定量的予測を示す最適化モデルにつながった。たとえば、餌の選択は、どの獲物が最もエネルギー的に有益かを見ることによって説明できる。

経済的な「決定」

巻貝を高いところから海岸の岩場に落とし、殻を割って食べるヒメコバシガラスの研究は、採餌の経済学の典型例となっている。レト・ザックは、カナダの西海岸でカラスを観察しているうちに、カラスが大きな貝だけを選び、平均約5メートルの高さから落として食べていることに気づいた。何がこのような行動をとらせるのだろうか。答えを見つけようと、ザックは可動式の台を備えた高さ15メートルのポールを設置した。この装置で、カラスと同じようにさまざまな高さから貝を落とす実験ができる。この実験で、小さな貝のほうが大きな貝よりも割れるまで多くの回数投下しなければならないことがわかった（しかも中身は小さな貝のほうが少ない）。ザックはカラスの飛翔エネルギーのコストを計算し、それを貝を食べて得られるエネルギーと比較した。有益なのは大きな貝だけで、そちらを選択したほうが賢明である。では、なぜ5メートルの高さから落とすのだろうか。ザックは、上向きの飛翔はエネルギー的に高価なのだと推論した。2メートルの高さから投下した貝の殻は割れるまでに平均50回かかったが、5メートルの高さから投下するとたった4回で割れることがあった。したがって、約5メートルの高さから投下して割るのが上向きの飛翔のエネルギーの総計が最も少なくて済み、これはザックが観察したカラスの行動に非常に近いものだった。この発見は、カラスがエネルギー的に高価な上向きの飛翔を最小限に抑えようとしていることを示唆している。言い換えれば、カラスはそのエネルギー摂取量を最大化する方法で行動していたのである。

　意思決定が果たす役割は繁殖においても大きい。交尾をする動物はその交尾時間の長さを決めなければならない。オスのヒメフンバエの場合、通貨にあたる変数となるのはエネルギーではなく時間である。オスがメスと交尾する時間が長いほど、そのオスの精子の多くが、メスがその前に交尾した相手の精子に取って代わる。ジェフ・パーカーは、交尾を始めてすぐは精子の交換率が高いものの、交尾時間が長くなるにつれて収穫逓減《ていげん》があり、ある時点でオスは別の行動に移ったほうがよいと指摘した。パーカーはその**コスト**（必要なエネルギーや投資資源）と**ベネフィット**（獲得できる資源や残せる子孫の数）を計算し、1分あたりに受精する卵の数を最大にするには、41分の交尾時間が最適だと予測した。この数値は、実際に観察したヒメフンバエの平均交尾時間である36分に近かった。ただし、最適化モデルの大きな問題は、研究者が提案したモデルと実際に観察された動物の行動が近いと説明し得る「近さ」とはどのくらいなのかわからないことである。

行動を予測して説明するために定量分析とモデルを使うことによって、私たちの予測と実際に観察された動物の行動との間の矛盾を浮き彫りにすることができる。この不一致は、私たちがその動物が使っている通貨を評価していないことを示唆している。たとえば、雛に餌をやる親鳥は、餌の幼虫を探しているときにエネルギー効率を最大化するのではなく、巣へのエネルギー供給速度を最大化するようだ（雛の口に入る1分あたりの餌の数が多いほどよい）。対照的に、ミツバチは蜜を探しているときにエネルギー効率を最大化する。

モデルは、動物が適切に設計された問題解決能力をもっていることを前提としているが、もちろん、動物はそれを観察する行動生態学者と同じ方法で計算を行うわけではない。代わりに、動物はおおむね正しい答えをもたらす経験則に従うように進化したようである。たとえば、ミツバチは、経験則として飛翔中に運んだ蜜や花粉の総重量を基準として使用するようだ。ミツバチが採餌するときに、研究者がその背中に小さな重りを載せると、そのミツバチは操作されていない対照群のミツバチよりも少ない採餌量で巣に戻った。

動物が時折、研究者が予測したほど最適な行動をしないように見えることがあるのはなぜだろうか。原因の一つは、その動物の行動が、摂食の必要性と捕食者に食べられるリスクの対立など、競合する淘汰圧の間で**トレードオフ**[*12]をしている可能性があるからだ。イトヨは空腹のとき、獲物のミジンコが高密度と低密度で存在すれば、高密度のほうを選択する。しかし、イトヨの捕食者（たとえばカワセミなど）の模型を水槽の上に飛ばすと（図版20）、イトヨは摂食行動を変え、ミジンコが低密度のパッチを選択する。トレードオフは摂食率と、低密度の獲物を摂食するときに可能になる警戒行動との間にある。

動物の一見最適とは思えない行動のもう一つの原因は、短期的なベネフィットと、将来の繁殖の機会のように長期的な結果との間にトレードオフが存在する可能性があるからだ。クリス・ペリンズは最長で2年程度の寿命の小鳥、シジュウカラを用いた古典的な研究でこれを調査した。クラッチ（一つの巣に生まれる卵）に最適な卵の数は、最も多くの子孫が生き残って繁殖できる数である。クラッチの卵が少なすぎると、すべての雛は生き残れるがその数は少なくなる。一方、クラッチの卵が多すぎると、親鳥が十分な餌をもってくる力は限られているため、小さすぎて最初の冬を生き延びられない若鳥に育つ可能性がある（130ページ図版21）。これは、質と量のトレードオフである。ペリンズがオックスフォードの森のシジュウカラの巣に卵を追加したとき、生き残った子孫の最大数は、野生で観察さ

＊12　行動生態学における概念で、一方でベネフィットが上がるようにすると、それによって他方にコストがもたらされる関係

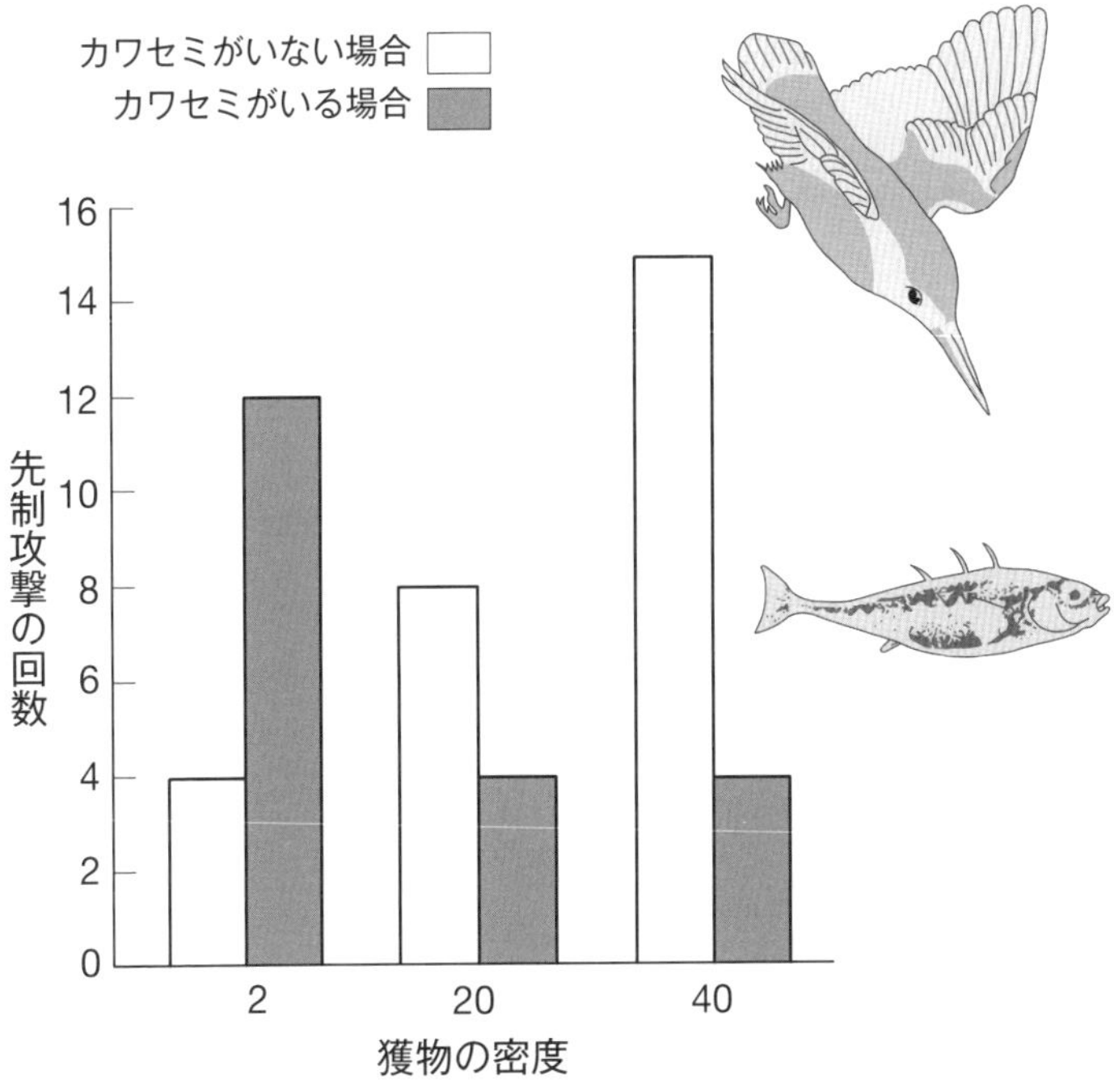

図版20　動物はリスクと報酬のバランスをとる。イトヨは通常、獲物が高密度で存在する領域を攻撃することを選ぶが、カワセミの模型を水槽の上をに飛ばすと、イトヨは低密度の領域を選んだ。

れた平均的なクラッチサイズよりおよそ2個多い場合に得られることが判明した。なぜシジュウカラはこの最大数の卵数よりも少ない卵を産んだのだろうか。考えられる答えは、この短期的な「最適」卵数は1シーズンの繁殖のみに基づくものであり、後から追加された卵から生まれた雛のために費やされる余分な給餌努力は、母鳥の体力を奪い、冬を乗り越えて翌年再び繁殖する機会を減らしてしまう可能性があるということである。自然淘汰は、将来の繁殖の機会を犠牲にして各クラッチのサイズを最大化するのではなく、生涯の生殖生産を最大化させているのである。

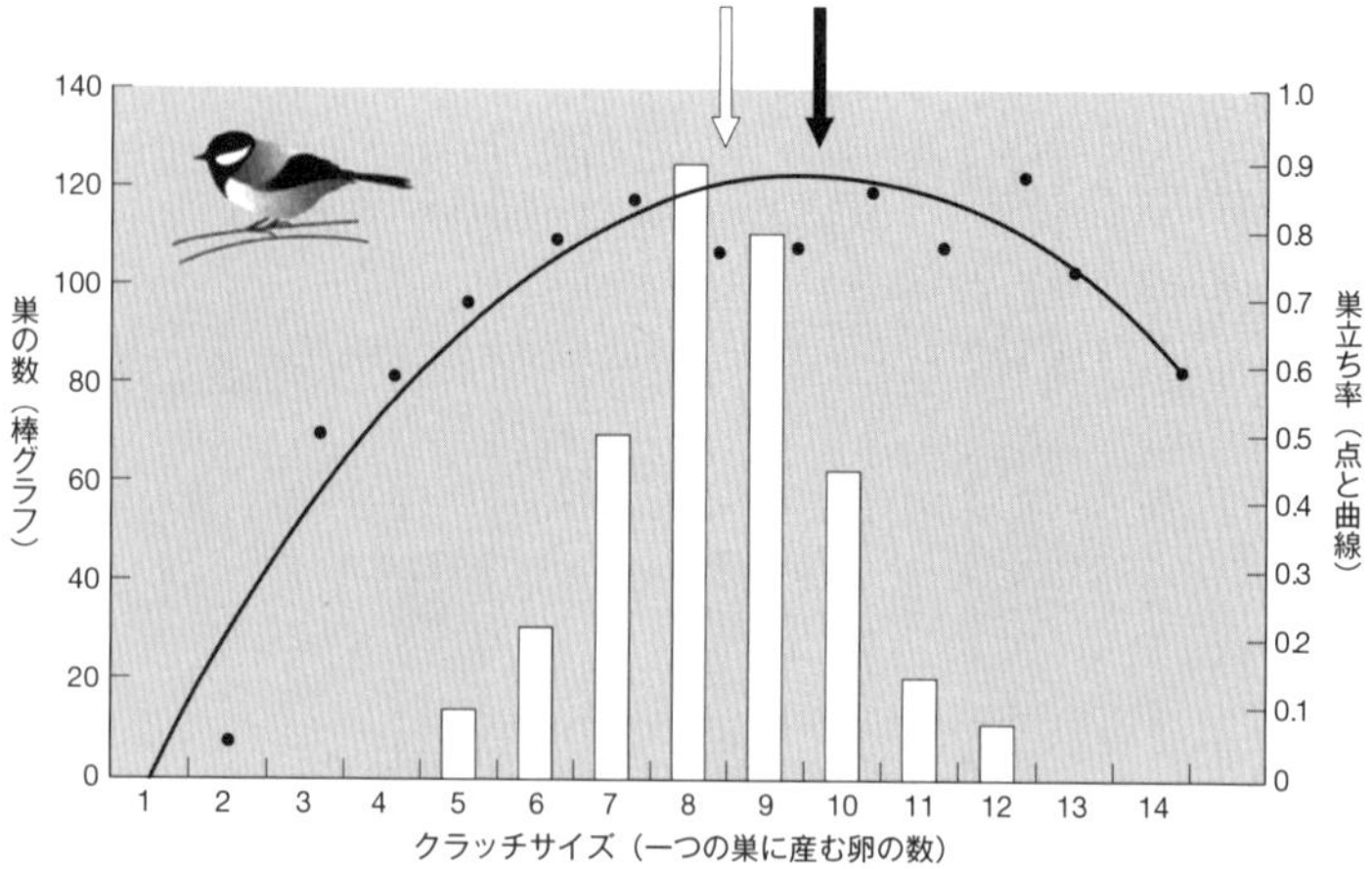

図版21　イギリスのオックスフォード近郊の森に生息するシジュウカラは、一巣あたり平均8〜9個の卵を産む（棒グラフ、白い矢印）。実験操作で卵の数を増やしたり減らしたりすると、1組の繁殖ペアはより多くの雛を育てられることがわかった（巣立ち率、点と分布曲線、黒い矢印）。

資源をめぐる競争

スーパーマーケットのレジの前でどの行列に並ぶかを決めるのと同じように、最良の採餌戦略と配偶相手の探索戦略は、他の個体の行動によって決まることがある。一例を挙げると、ある研究グループが、池の両端にいる二人の人物が異なる頻度で餌を投げたときに、集まってくるアヒルの数を数えるという実験でこの考え方を検証した。アヒルたちは80秒以内に報酬につり合うように分かれていた。一方の端に2倍の量の餌が投げ込まれると、2倍の数のアヒルがそちらに移動する。二人が報酬を与える頻度を逆転すると、アヒルたちはすぐにもう一方の端に移動した。この実験は、数羽のアヒルと友人が一人いれば誰でもできるので、ぜひ試してみてほしい。きっとうまくいくはずだ。

競争で直接戦って勝てない場合、別の戦略に従って配偶相手を見つける動物もいる。メスのナタージャックヒキガエルは、合唱のなかで最も大きな声を出すオスに惹きつけられる。体の小さいオスは大きいオスの呼び声の大きさに対抗できないため、サテライトという行動を採用し、求愛中のオスの近くに鳴かずにじっとしていて、惹きつけられてやって来たメスを横取りしようとする。小さいオスは、自身が大きくなるまで「不幸な事態にも善処」しようとするのだ。

子育てと配偶システム

行動生態学の成功の一つは、種を超えた子育てのパターンを明らかにしたことだ。一部の動物ではオスメス両性が子育てをするのに対し、他の種では片方の性（通常はメス）しかしないのはなぜだろうか。さらに他の種では、子育てをまったくしないのはなぜだろうか。このような子育てパターンの違いは、種生態学への理解と組み合わせることによって、動物界全体における配偶システムの違いを説明するのにも役立つ。一夫一妻（**単婚**）の繁殖ペア、ハーレムのような**一夫多妻**、つがいにならない（**乱婚**と呼ばれる）種まで、さまざまな分類群にまたがるパターンがある。たとえば、鳥類では両性による世話が一般的だ。哺乳類は子育てをするが、ほとんどの種でメスだけが関与している。無脊椎動物のほとんどは子育てしない。

だが、一般化には例外がつきものである。たとえば、無脊椎動物でも子育てをする種は存在する。その一つがモンシデムシ（*Nicrophorus*属）で、親は幼虫に餌を与えたり保護したりすることで、その生存率を高める。モンシデムシのオスとメスはネズミの死骸を見つけると、地中に埋めて巣穴をつくる。彼らはネズミの肉を巣の形に成形し、そこに卵を産みつける。シデムシの親は幼虫に乞われると、鳥がその雛に与えるように口移しで肉を与える。

多くの鳥では、子育ての成功は、巣に運ぶことができる餌の量によって制限を受ける。2羽の親が雛たちに、1羽の親の2倍の量の餌を与えることができれば（昆虫を餌にする森林に棲むハタオリドリの場合）、オスメス両方が一緒にいるほうが繁殖成功率が高まる。どちらの親にとっても、巣を捨てることは生き残る雛の数を半減させてしまうため、新たなパートナーを探さなければならなくなる。このような種では、オスメス両方で子育てをする。

餌が非常に豊富で、片親だけで巣に十分な餌を供給できる場合、もう片方の親がいなくなることがある。通常、これはオスだ。オスはほかのメスと交尾することで生涯の繁殖成功率を上げることができるが、メスの繁殖成功率は産むことができる卵の数によって制限される。アフリカのサバンナに生息し、餌として豊富な種子を食べているハタオリドリは一夫多妻であり（各オスは数羽のメスと交尾する）、メスだけが子育てをする。

哺乳類では、オスはメスの妊娠中に貢献することができないうえに（メスに餌を運んで保護すること以外は）、メスだけが新生個体のために乳汁を分泌する。したがって、ほとんどの哺乳動物では子育てがメスだけによって行われ、オスはほかのメスと交尾するために巣を去ることになる。これは驚くべきことではない。しかし、キツネなどの肉食動物は、オスが離乳後の子どもに肉を運んでくることで子育てに貢献できる数少ない例外となっている。

哺乳類とは対照的に、子育てをするごく一部の魚では、通常子どもの世話をするのはオスだ。ニコ・ティンバーゲンが研究対象にしたイトヨが典型的な例である。オスが自分のなわばりに巣をつくり、複数のメスを誘導する。1匹のメスが巣のなかで放卵して出ていくと、オスが巣のなかに入って放精して受精させる。オスは次の2週間を、ヒレを使って卵に十分な酸素を供給する「ファニング」を行ったり、捕食者を追い払ったりすることに費やす。卵が孵化したら、今度は仔魚たちが巣から迷い出ないように面倒を見る。なぜ魚はオスが子育てをするのだろうか。この現象は、魚が体外受精を行うことやなわばりを保持する重要性に関わっているようだ。なわばりを守る本来の機能はより多くのメスを惹きつけることだったのかもしれないが、卵の世話をするのに追加コストはほとんどかからないし、多くのメスから得た卵はコストを追加することなしにオスのさらなる繁殖成功をもたらす。いくつかの魚はこれをさらに推し進めて、オスは口や、タツノオトシゴやヨウジウオのように特殊な育児嚢《のう》で抱卵するようになった。

誰が子育てをするかは、オスメスどちらであっても、配偶システムを説明するのに役立つ。多くの鳥のように、雛を養うために両方の親を必要とする種では、一夫一妻が一般的だ。オスが子育てに貢献せず、自分のなわばり内に複数のメスが生息するのに十分な食物がある場合、オスがメスたちのハーレムを守る配偶システムが進化する可能性がある。アカシカとゴリラの配偶システムがこれにあてはまる。アカシカもゴリラも、「王」であるために戦い合うので、大きな体や雄ジカの枝角のような武器の性淘汰が起こる。

非常に少数だが、オスがすべての子育てを行う鳥もいる。南米の水鳥、ナンベイレンカクもその一種だ。この鳥は、餌が豊富な沼地に生息している。メスは抱卵できるよりも多くの卵を産むことができるので、最大４羽のオスを含む領域を支配するためにメス同士で戦う（**一妻多夫**）。オスはメスが産んだ卵を抱き、孵化した雛たちの面倒を見る。性淘汰は、競合する性（この場合はメス）の体格を大きくすることをもたらした――メスはオスよりも50パーセント以上重い。

卵を抱いて孵化させてくれるオスの確保を競う、メスのナンベイレンカクにおける性役割の逆転は、行動生態学が提供している説明への強力なサポートとなる。この現象と、鳥類のメスの子育て「ルール」に対する他の例外は、その種の生態によって説明される。

性比

すべての種にはオスとメスが同数いるのが当然のことのように思われている。しかし、近年、寄生バチからアカシカに至るまで、多くの種で、生まれてくる子どもの雌雄の比率に母親が影響を与えている可能性があることが明らかになった。では、なぜ母親たちは、多くの娘と1匹の息子（多くのメスと交尾する可能性がある）のみを産むことによって、潜在的な孫の数を最大化しないのだろうか。イギリスの統計学者R・A・フィッシャーは、平衡状態ではオスの平均適応度がメスの平均適応度と等しくなければならないため、子のオスとメスの比率は常に1対1に戻ることを論理的に示した。これは、ある性の子が希少で有利な場合、性比のバランスが再び達成されるまで、ほかのメスがその性の子を産むように淘汰されるためである。この平衡は、性ごとの数または投資に存在する。たとえば、オスの子を育てるのに2倍のエネルギーを必要とする場合、オスの2倍のメスの子を産むことで平衡状態になる。この平衡状態の例外だが、フィッシャーの原理が機能していることを示すものは、イチジクコバチの仲間など、きょうだい同士で交尾（近親交配）する傾向にある種に由来する。イチジクの果実のなかで孵化して成熟するこれらの種では、母バチは果実のなかにほぼすべてメスの子を産み、そのメスを受精させるだけの少数のオスの子を産む。メスの子たちは受精する前に果実を離れることはない。ほかの母バチが産むオスの子はそのイチジクの実にはほとんど到達できないため、この歪んだ性比が進化することが可能になる。

性淘汰

オスのクジャクの贅沢な尾羽＊13は、捕食者に攻撃されやすいはずであり、自然淘汰への挑戦のように思われるかもしれない。チャールズ・ダーウィンは、すばらしい羽や巧みなさえずり（あるいは雄ヤギのように強烈なにおい）をもつオスが、生存にコストがかかる可能性があるのにもかかわらず鮮やかに進化するのを説明するには、ある種の性淘汰（メスによる選択）が働いているからだとする説を唱えた。

ダーウィンはまた、アカシカのような種では別の種類の性淘汰によって、メスへの到達をめぐってオス同士が戦うことにも触れた。このような種では、優れた戦闘能力をもつオスが選択されることによって、オスの体格が大きくなり、枝角や牙などの武器が進化する

＊13　オスのクジャクの美しい羽は、正しくは尾羽ではなく、上尾筒という部位である。飾り羽と呼ぶこともある

（ナンベイレンカクのようにメスが競争する性である場合、その性でより大きな体格と戦闘能力が淘汰によって残る）。性淘汰は、生存率の違いではなく、繁殖成功の違いから生じる自然淘汰である。

メスによる配偶者選択の例は、オス同士の戦闘よりも研究が困難だった。しかし、巧妙な実験によって、コクホウジャクのメスはより長い尾羽をもつオスを選ぶことがわかった。マルテ・アンデルソンは、一部のオスの尾羽を短くカットし、カットした羽を他のオスの尾羽に接着して長くした。対照群のオスは尻尾を切り、再び同じ長さになるように接着した。多くのメスが、伸ばした尾羽をもつオスのいるなわばりに巣をつくることを選んだ（図版22）。同様に、ヨーロッパに生息するスゲヨシキリのオスは、春になるとより複雑なさえずりをするものが最初に配偶相手を獲得した。クライブ・キャッチポールらは、実験室でもメスがより複雑なオスのさえずりに反応することを示した。

動物には性的パートナーが何個体いるのだろうか。鳥類のほぼ90パーセントは一夫一妻で、オスとメスがなわばりでつがいを組んで子育てをしているように思われる。しかし、ＤＮＡフィンガープリントを調べると、驚くことに社会的に「一夫一妻」の鳥の多くで、巣のなかの雛の父親が複数のオスであることが明らかになった。アメリカコガラの場合、メスは配偶相手以外のオスを積極的に探す。オスメス両性とも、不貞はあらゆる種類の動物

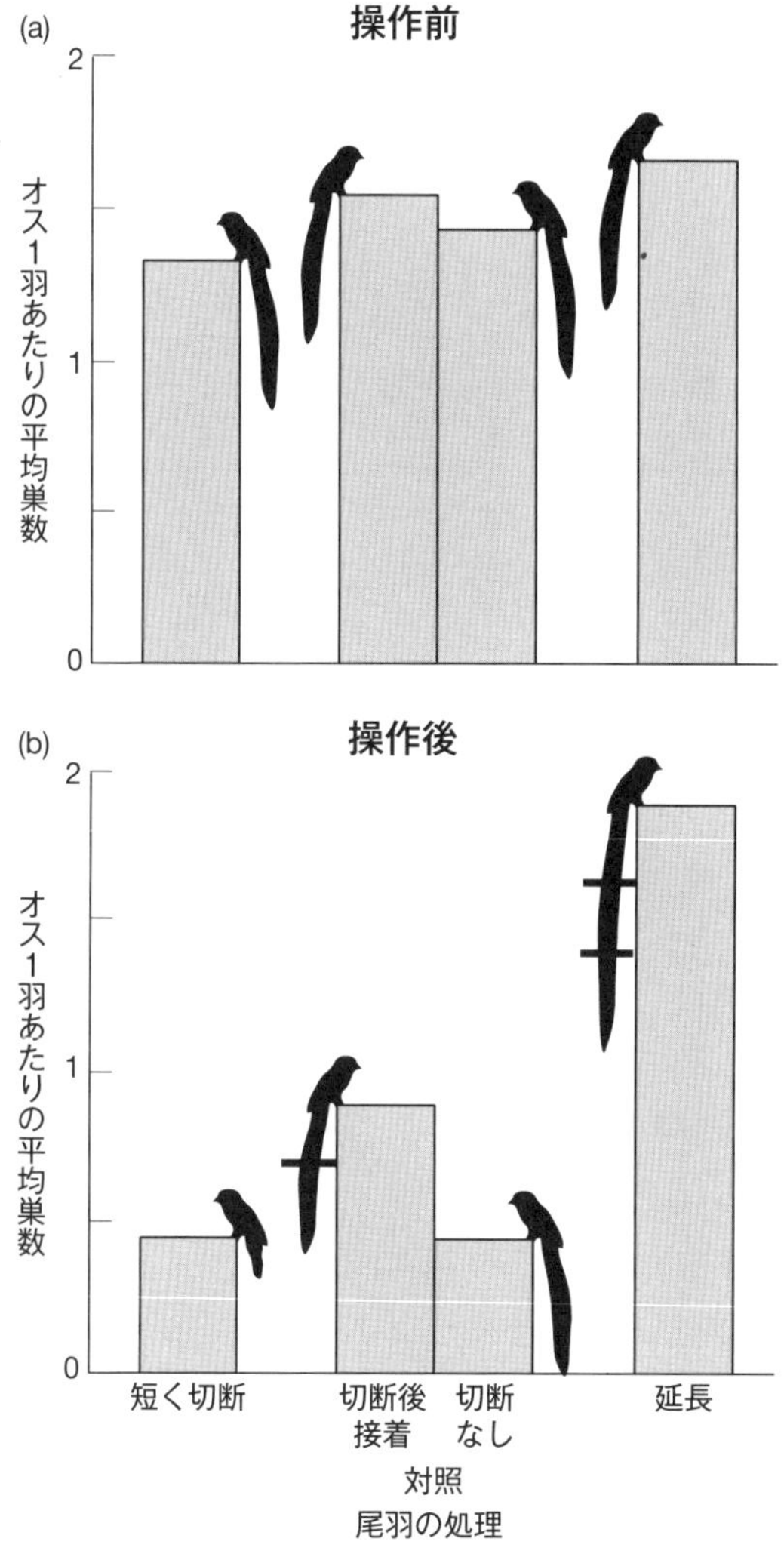

図版22　コクホウジャクのオスは尾羽が長いほど、メスにとって魅力的だ。実験操作をする前は、すべてのオスが等しく魅力的だった（a）。一部のオスが尾羽を短くしたり長くしたりした後（b）、メスは尾羽を極端に長くしたオスのなわばりに最も多く巣をつくった。

に共通しているようだ。複数のパートナーとの交配は、精子競争の可能性につながる。

精子競争と隠れたメスの選択

オス同士の本当の競争は、受精をめぐるものだ。交尾だけでは終わらない。ダーウィンが見逃していたのは、交尾後に始まる異なるオスの精子による目に見えない競争だった。たとえば、ヒメフンバエのオスは、メスがその前に交尾した別のオスの精子を自分の精子に置き換える。これを行うのにかかる時間は、最適な交尾時間に影響する。イトトンボのオスは、自分の精子を送り込む前に別のオスの精子を掻き出す交尾器をもっている。一般にメスが複数のオスと交尾する場合、オスはより多くの精子を生産するように淘汰され、受精を目指す宝くじでより多くの「くじ」を購入することになる。チンパンジーのように、排卵するメスと数匹のオスが交尾する乱婚的な種では、オスは大量の精子を生産するのに必要な比較的大きな精巣（１２０グラム）をもっている。一方、ゴリラのオスはチンパンジーよりもはるかに体が大きいが、自分のハーレムのメスたちを排他的に確保できる。ほかのオスとの精子競争はめったにないため、精巣は比較的小さい（30グラム）。

もう一つの驚異は、さまざまな動物のメスが、交尾後に受精に用いる精子を選択できるということである。この効果は通常、観察する人間には見えないため、**メスによる隠れた選り好み**と呼ばれる。しかし、野生化したニワトリは隠れた選択の一つの方法を示している。メスのニワトリは、序列の最上位にいる優位なオスと交尾したがる。このため、劣位のオスがメスとの交尾に成功した場合、交尾が終わるとすぐに精子を排出してしまう。また、メスのヒトリガは、交尾の順序に関係なく、交尾したなかで最も大きなオスの精子を選ぶことができる。このような選択をどうやってしているのかは謎である。

多くの種では、オス一個体の射精でメス一個体のすべての卵を受精させるのに十分な精子を供給できる。このため、メスが多くのオスと交尾することの利点が何にあるのかは明らかではない。しかし、場合によっては、射精された精液中の分子からメスが資源を獲得することがわかっている。たとえば、ヒトリガの場合、メスは射精された精子と一緒に、植物由来の有毒な分子（メスと卵を捕食性の昆虫やクモから守る）と栄養（メスの卵の産出量を交尾1回あたり約15パーセント増加させる）という贈り物を受けとるのだ。

性的対立

遺伝子の視点に立つことは、メスとオスの個々の利益が予想外に対立する理由を説明するのに役立ってきた。たとえば、オスのショウジョウバエは、射精した精液中にメスの神経系を乗っとるタンパク質分子を含んでおり、そのメスがほかのオスからの求愛を受け入れないようにする。このような効果をもつ精液中のタンパク質は、精子競争が起こる可能性を減らすために進化した。しかし、結果として生じるメスの行動の変化は、メスの利益にはならないかもしれない。メスにとっては別のオスと再び交尾をするほうが利益になる可能性がある（たとえば、最初に交尾したオスの精子に欠陥があった場合、別のオスと交尾すれば受精可能な精子を確保できる）。その結果、進行中の「**軍拡競走（競争）**」がまた先へと進む。メスは、精子タンパク質の影響を受けなくなるように進化し（精子タンパク質に対する感受性がない受容体が淘汰により残ることによって）、オスの精子タンパク質は、メスを操作する効果を取り戻すために新たなラウンドの淘汰を受けることになる。

利他主義を説明する

親が子どもの世話をするのは当然のことだ。だが、自分の子どもを産まない動物が他の個体の繁殖を手伝うのは驚くべきことである。これは**利他行動**と呼ばれ、子どもを産むことのないミツバチのワーカーを例に挙げて説明される。ミツバチのワーカーは母親である女王バチが自分の姉妹をより多く産むのを手伝っている。チャールズ・ダーウィンはこの問題を認識していた。ワーカーが自分の子どもを残さない場合、手伝い行動はどのようにして進化するのか。ダーウィンは答えが家族にあることに気づいた。それからちょうど１００年後、ビル・ハミルトンは、ワーカーの遺伝子（「手伝い行動の遺伝子」を含む）のコピーが血縁関係を介して間接的に受け継がれる仕組みを示した。ミツバチのワーカーにとって、この血縁関係とは次世代の女王になる自分の姉妹である。

ハミルトンの**包括適応度**の理論は、親または他の血縁者が、ヘルパー自身が直接生殖すること（**直接適応度**）のためのコストを補うのに十分多くの子孫（**間接適応度**）を生み出すことができる限り、個体の手伝い行動遺伝子が次世代に伝わることを説明している。親や血縁者を助けているが自分自身では繁殖しない動物の場合、その包括適応度は、子育てを手伝った動物の繁殖成功というかたちでの間接的な適応度を介したものとなる。血縁者を手伝う過程は、しばしば**血縁淘汰**と呼ばれる。ハミルトンの考えは、リチャード・ドーキンスの著書『利己的な遺伝子』（１９７６年）を通じて広まった。

社会的行動は、血縁度、ベネフィット、コストの特定の組み合わせのもとで進化する。血縁者を助けることは、血縁者（共通の子孫によって遺伝子を運ぶ）へのベネフィット（Ｂ）を、血縁度（ｒ）で割り引いたものが、ヘルパーによって失われた直接適応度のコスト（Ｃ）よりも大きい場合、自然淘汰によって支持される。これがハミルトンの法則をもたらすｒＢ＞Ｃの場合、利他的な行動が支持される。ハミルトンの法則は、正の血縁度が利他主義の進化の必要条件であり、Ｂが高くＣが低いときに利他主義がより容易に進化すると予測する。血縁度が高いほど、利他的な行動が進化する可能性が高くなる。

あなたの両親はそれぞれ、あなたのもつ各遺伝子の二つのコピーのうちの一つを提供したため、各親に対するあなたのｒは半分、つまりｒ＝０・５となる。同じ論理を用いて、近親者と遠親者で遺伝子コピーを共有する確率を計算できる。兄弟や姉妹の間ではｒ＝０・５、いとこ同士のｒは８分の１、つまりｒ＝０・１２５となる。ハミルトンの法則は、いとこのような遠い血縁者でさえ、十分な数の血縁者が繁殖するのを助けられる限り、手伝い行動が進化しうることを意味する。したがって、利他的な個体は、５人のいとこ（５×ｒ＝５×０・１２５＝０・６２５遺伝子の単位）を助けるために、自分の子孫を１人（１×ｒ＝１×０・５＝０・５遺伝子の単位）あきらめるほうが有益である。こんな話がある。おそらくつくり話だろうが、１９３０年代のイギリスの生物学者、Ｊ・Ｂ・Ｓ・ホールデンは封筒の上ですばやく計算をした後、「２人の兄弟か８人のいとこを救うためなら、自分は喜んで命を差し出すだろう」と言ったという。

血縁者を優遇する

多くの動物、おそらくほとんどの動物は自身の血縁者を認識できない。その代わりに、動物は経験則を用いているように見える。「巣のなかにいる若い個体だから自分の子どもとして扱う」といった単純なもので、この仮定はたいてい実際にあてはまる。しかし、巣のない動物は自分の子どもを認識することを学ばなくてはならない。コウモリの親は、仲間が密集する洞窟で、非血縁者ではなくわが子に餌を与えられるように、子どもの呼び声を学ぶ。母ヒツジも同様に、子ヒツジのにおい、顔、呼び声を学び、ほかのヒツジには餌を与えない。血縁者を認識するもう一つの方法は、自分自身を血縁者と遺伝的にどのくらい近いかを比較することである。リチャード・ドーキンスはこれを「脇の下効果」と呼んだ。見知らぬ人と自分の脇の下を嗅ぎ、相手のにおいが自分のにおいに似ている場合、その人は自分の親族である可能性がある。ベルディングジリスはこの方法を使って、冬眠後に再会したきょうだいを認識する。

協同繁殖

鳥類の約10パーセントが、子が成鳥になっても巣立つことなく親鳥とともに暮らし、自身が繁殖を試みる前に少なくとも1シーズン、親鳥の繁殖の手伝いをしている。これを**協同繁殖**と呼ぶ。なぜヘルパーは手伝うのか。その理由は、両親が自分とつながりのあるきょうだいを育てるのを手伝うことによって得る、間接的な繁殖適応度にあるようだ。手伝いの内容は、雛たちに与える餌を余分にもってくるとか、捕食者から守るといったかたちをとることもある。ケニアに生息するシロビタイハチクイの各ヘルパーは、雛の生存率を高めるのに大きな効果を上げ、親鳥は平均してそれまでの1・5倍の雛を育てられるようになった。ヘルパーは子育てを手伝った雛と密接な血縁関係にあるため（平均r＝0・33）、これらの血縁者の生産を増やすことで、大きな間接適応度を獲得した。これらの利点に対して、ヘルパーたちが自身の子どもを生産することを控えるという低いコストがある。これは、自分たちでつがいとして繁殖しようとするヘルパーは、予測不可能で過酷な生息環境で子育てをするのに苦労するためである。別の鳥、フロリダカケスにおいてヘルパーを追い出すと、繁殖中の親鳥が育てるのに成功する雛の数は半分以下になった。

社会性のあるマングースの一種、ミーアキャットは、最大50匹の家族集団でカラハリ砂漠に生息している。この協力して繁殖する種では、一組の優位なメスと優位なオスだけが繁殖行動をする。若い個体はヘルパーとして、幼いきょうだい（平均r＝0・3）にサソリ、トカゲなどの獲物を与えることで子育てに役立つ。ヘルパーによる給餌は、子どもの成長率と生存率を増加させ、これらの子どもが競争に勝って繁殖可能な優位な個体になる見込みを倍増させ、いずれもヘルパーの間接適応度を高める。集団が大きくなるほどヘルパー自身の生存率も高まるため、ヘルパーは手助けによって直接適応度も獲得する。集団を離れたヘルパーのペアはうまく繁殖できないため、たとえ直接生殖をあきらめてもヘルパーにとどまるほうがコストは低くなる。

真社会性の進化

鳥類や哺乳類が協同繁殖する場合、ヘルパー自身ものちに繁殖する機会を得る可能性がある。ところが、**真社会性**を示す種では、実質的または完全に不妊であるワーカー専門の**カースト**があり、繁殖は分業となっている。真社会性の動物には、ハダカデバネズミ、サンゴ礁に生息する数種のエビ、より身近なところではアリ、ハチ、シロアリが挙げられる。これらの真社会性の種ではワーカーの適応度は間接的なものだけである。すなわち、ワーカーは母親すなわち女王を手伝い、ほかのワーカーを育て、最終的には将来の女王や繁殖するオスとなる数少ないきょうだいを育てる。

ハミルトンの法則では、特に社会性昆虫によって示される高度に発達した形態において、高いr（血縁度）が利他行動の進化に有利であると予測している。社会性昆虫はハチ目（アリとハチ）で、少なくとも８回独立して進化した。また、シロアリ（分類学上はアリではなく特殊な種類のゴキブリ）でも、複数回独立して進化してきた。創始者であるオスとメスが一夫一妻であることは、動物界全体の真社会性の進化にとって不可欠な先祖の特徴だと思われる。なぜなら、そのつがいの子どもであるワーカーにとって、きょうだいの血縁度の平均値が、自身の子孫と同じ最も高い値（０・５）を保証するからである[*14]。

ハダカデバネズミは、東アフリカの乾燥地帯の過酷な気候から守られた地下にトンネルをつくってコロニー生活をしている。女王ネズミだけが出産する。女王を支える最大３００匹に及ぶ子どもたちは、幼体を育て、トンネルを掘って、コロニーを養う食料として植物の根や塊茎《かいけい》を探してくる（図版23）。ハダカデバネズミは単独では生き残れないため、非繁殖個体であるワーカーのコスト（C）は小さい。

ハダカデバネズミや、ワーカーが数十匹程度の小さなコロニーを形成する社会性昆虫では、女王は物理的な「いじめ」によってワーカーに支配を示す。最大で１００万匹またはそれ以上のワーカーの大きなコロニーをもつ社会性昆虫では、女王はいじめの代わりにワーカーからワーカーに伝わり、コロニー全体に広がる「女王フェロモン」で自身の存在と繁殖力を示す。女王フェロモンが存在していると、ワーカーの卵巣の発育は抑えられるため生殖を試みることはなく、代わりにより多くの姉妹を育てる。女王フェロモンは、女王に繁殖力があり産卵している場合にのみ生成されるという正直な信号である（第5章参

＊14　両親のいずれかが複数の相手と配偶する場合、その子どもであるワーカーときょうだいの血縁度は平均すると0・5を下回る。一方、単倍数性のハチ目昆虫では、同じ両親をもつメスのきょうだい間の血縁度は0・75になる

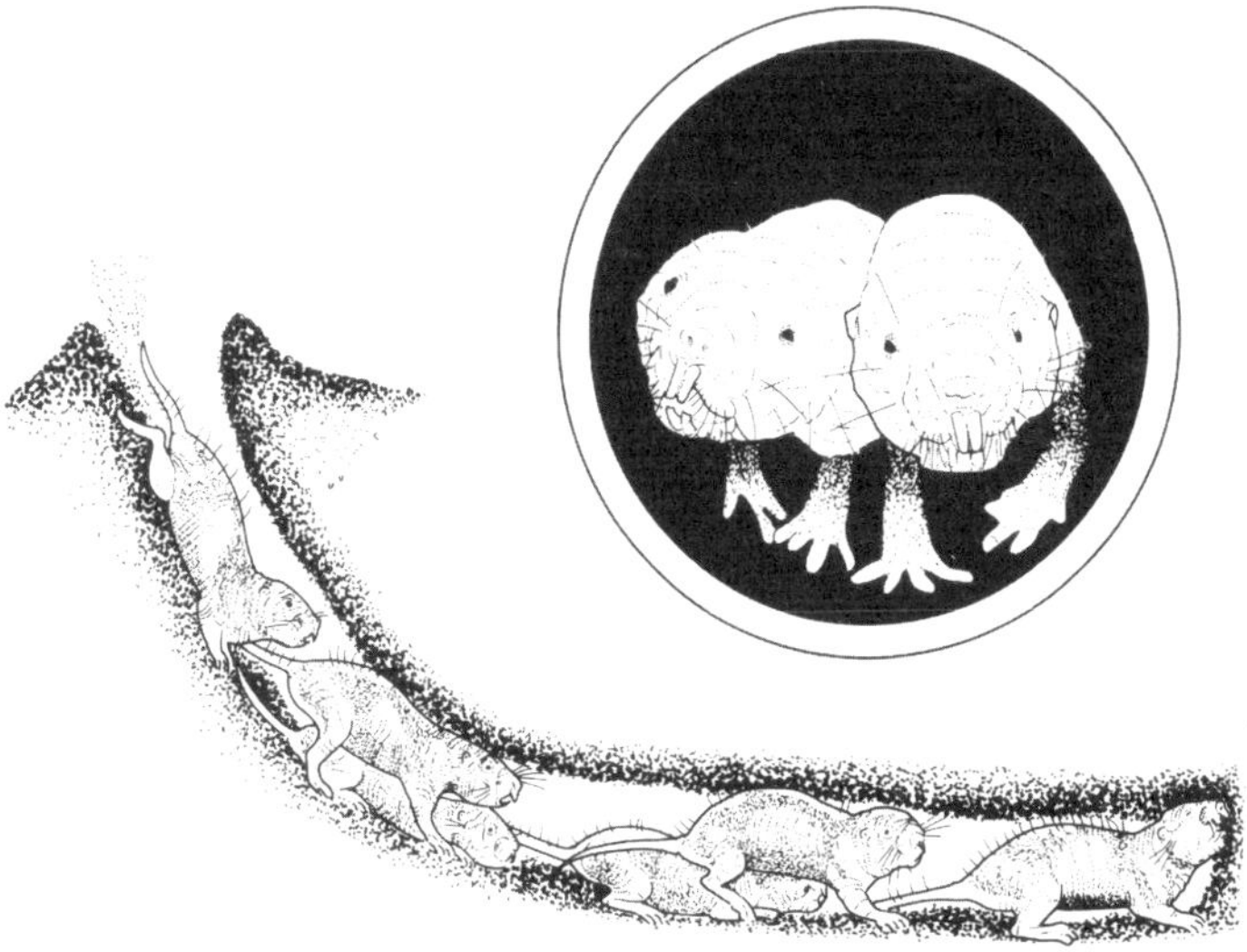

図版23　ハダカデバネズミは、社会性昆虫に類似した、女王とワーカーをもつ真社会性の哺乳類だ。この図版では、ワーカーが集団でトンネルを掘っている。

照）。真社会性をもつアリやミツバチ、スズメバチの女王ホルモンが、それぞれの単独性の祖先の繁殖力を示すフェロモンから独立して進化したという証拠が相次いでいる。

多くのアリとシロアリには、ワーカーのカーストに専門性の高い身体的に異なる集団が見られる。たとえば、ハキリアリでは、こうしたワーカーのカーストは、強大な大顎をもつ兵隊アリから、寄生バエを追い払うために兵隊アリの背中に乗る小さなワーカーに至るまでさまざまだ。ハキリアリの巣のなかにはさらに異なる種類のワーカーがいて、幼虫の世話をしたり、餌になる菌類を栽培したりしている。

進化的軍拡競走

小さなヨーロッパヨシキリが自身の10倍はありそうな大きなカッコウの雛に餌を与えている光景は、一度見たら忘れられない。カッコウは、他種の小鳥を里親としてその巣に托《たく》卵《らん》を行い、自分の子どもを無償で育てさせる。

カッコウのメスは物陰に隠れて、里親が巣から離れるまで見守っている。里親が空けた隙に、カッコウは巣に忍び込んでくちばしで里親が産んだ卵を1個つまみ出し、代わりに自分の卵を1個産む。カッコウはこの行動をわずか10秒で完了することができる。カッコウの卵が孵化すると、生まれてきた雛は里親の卵と孵化した他の雛を巣の外に押し出してしまう。次に、その1羽のカッコウの雛が、里親の雛たちに似せた餌をせがむ迅速な声（「チチチチ……」という声）をたてて、里親を操作する。

　里親は自分の子をすべて失うことになるので、この進化的軍拡競走では、カッコウの托卵に対抗する適応（里親側）と、これらの防御を回避するための反適応（カッコウ側）という強力な淘汰が働く。カッコウの托卵に応じて、里親の鳥は自分が産んだ卵と一致しない卵を拒絶するという新しい行動を進化させた。里親による卵の拒絶に応じて、カッコウ側は里親の卵の色と斑点を見事に模倣した卵を進化させた（これは、カッコウが特定の托卵相手となる種に特化した競争をしているために進化が可能になったのである）。カッコウによる卵の模倣に応じて、里親側のメスは、自分の卵に個別のカラーパターンの「署名」をつける選択をしたため、カッコウの卵は「偽造品」として際立つようになった。

　里親の鳥は、メスのカッコウの存在に反応して、大勢で集まって**モビング**（外敵を集団で威嚇する行動）をするように進化した。しかし、それに応じてメスのカッコウはタカのような羽毛（モビングを抑制する）を進化させたり、里親の鳥が自分をカッコウと学習し、認識するのを困難にさせるさまざまな羽色を進化させたりした。

　ニック・デイビスらによる独創的な野外実験は、カッコウと里親の間で進行中の軍拡競走について多くのことを明らかにしている。里親は、自分の卵や雛を誤認して拒絶してしまうコストを回避する必要がある。ヨーロッパのカッコウの里親は、カッコウの雛がいったん孵化してしまえば拒絶しないのに対し（卵のときは自分の卵とカッコウの卵を区別して排除しようとするが）、オーストラリアのテリカッコウ（*Chalcites* 属）の里親の鳥は、このカッコウの雛を拒絶する。それがなぜなのかは謎である。

行動生態学の未来

行動生態学が収めた成功は数多い。この学問分野の本当の強みは、たとえば、血縁淘汰説が検証可能な仮説を生み出した方法だ。筆者が特に注目しているのは、社会性昆虫の進化、配偶システム、子育てにおける性の役割についての解釈である。最適性とモデリングによる手法は、採餌行動と性比を説明するのに役立った。

しかし、行動生態学の大部分の背後には、「研究されている行動特性の根底には遺伝的基盤がある」という未検証の仮定がある。野生動物の複雑な多遺伝子システムを従来の方法で遺伝子分析することは単に不可能であったため、これらの特性を裏づける遺伝的証拠が欠けていることは驚くべきことではない。しかし、新しいゲノミクス技術により、実験用マウスやショウジョウバエなどのモデル生物だけでなく、行動が研究されている野生種の配列を決定するのに十分なほど、DNA配列決定にかかるコストが低くなっている。たとえば、ゲノミクスでは、二つの島の沈黙したコオロギ（第1章参照）の突然変異を比較することができ、それぞれが独立して発生したことが示された。目を見張るような配偶システムをもつ旧北区の渉禽《しょうきん》類[*15]の一種、エリマキシギの行動については多くの研究がなされている。この鳥のオスには3種類の多型があり、それらは、性行動、体の大きさ、羽の色が大いに異なる。ほとんどのオスは多彩な色の装飾用羽毛をもち、メスを惹きつけるための集団求愛場であるレックにおける位置を求めて戦う。ほかのオスは「サテライト」の役割を果たし、非常にまれな第3のタイプはメスの羽を模倣した外観で、こっそり交尾をしようとする。ゲノミクスは、これらの多型の複雑なパターンを制御する超遺伝子を明らかにした。この発見は、10年前だったら空想に過ぎなかっただろう。

*15　シギ類、チドリ類のように比較的長いくちばし、頸、脚をもち、河川や湖沼、海岸などの湿地を歩き回って採食する鳥を指す

7

群れの英知

自己組織化

数千羽の鳥がまるで一体になったかのように集団飛行する様子や、魚の群れが捕食者を避けて分裂しては集合する様子には、不思議なものを感じる。同様に、アリが巣を出入りするせわしない動きにも目を引かれる。個々の動物が動いたりやりとりしたりする行動に比べて、群れや集団、巣単位で見られる行動にはある程度の組織化や明らかな協調性が感じられる。動物の集団行動に関する最近の研究では、それぞれに動き回る個体による行動は比較的単純でも、集合体になると個体よりもはるかに複雑で創[*16]発的な行動を生み出せることが明らかになっている。「自己組織化」と呼ばれるこの現象は、個々の動物の認知能力や、全体的な情報（全体像）へのアクセスが限られていても発生する。

自己組織化にはルールがあり、社会性昆虫をはじめとする動物はそのルールに従って複雑な選択を行っている。このルールはたとえば、餌場に派遣する最適な数のワーカーを割り振る方法、多くの候補地のなかから最適な営巣場所を選択する方法、個々の動物がつくるよりもはるかに大規模で複雑な構造物をつくる方法の選択などに適用される。この現象は**群知能**と呼ばれる。その単純なルールと反応は動物の集団行動を支えているようにも見える。

集団運動

　夕暮れ時になると、何万羽ものホシムクドリの群れが、マーマレーションと呼ばれる曲芸のような飛行をする（図版24）。群れは旋回しながら形を変え、たとえば涙の形から渦巻きや長いロープ状に変化し、まるで心を一つにしたかのように自発的に同期したうねりを見せる。20世紀初頭のイギリスの動物行動学者、エドモンド・セルースは、これほど大きな群れがどうして動きを見事に調和させることができるのか不思議に思った。

＊16　個々の要素が相互作用で複雑に組織化することによって、個々の要素の単純な総和を超えた新たな秩序やシステムが生まれること

図版24　数千羽のホシムクドリの群れ

この現象は、数理モデルとコンピューター・シミュレーションを用いることによって、説明可能である。鳥（または他の動物）の群れの集団運動は、**自己駆動エージェント**の集合としてモデル化できる。この組織的な編隊は「リーダー」を必要としない。各エージェント（動物の個体）は、近くにいる数羽／数匹の仲間の位置、向き、動き（または動きの変化）に基づいて自身の動きを決める。この局所的な情報を使って、各エージェントは単純なルールに従い、近すぎず遠すぎずの距離を保ちながら、近くの仲間の速度に合わせて協調した動きをとる。各エージェントは近くのエージェントとだけ反応するが、こうした動きは近くのエージェント同士の相互作用によって順番に伝わり、群れの一方の端にいるエージェントの動きの変化が群れ全体に波及する。結果として得られるシミュレーション上の群れは、実際の群れのような説得力のある動き方をし、形を変え、分散し、再結成される。

この理論は、ローマ上空を飛ぶホシムクドリのマーマレーションの観察によって検証されている。ある学際的なプロジェクトでは、立体写真撮影とデジタル画像処理を用いて、個々の鳥の位置、軌跡、速度を再構築した。その結果は、鳥同士の局所的な相互作用から群れ全体の動きを説明できるという基本理論のアイデアを裏づけたが、群れの実際の形状は、地表から見えているような球根状というよりは、シート状だった。もう一つの予想外の発見は、群れの端に向かって最も鳥の密度が高くなり、その密度は2倍以上異なることがあるという事実だった。研究者たちはこの結果から、1羽1羽の鳥がモデルが想定していた特定の半径内の仲間ではなく、最も近くにいる6羽または7羽の仲間に反応するという仮説を立てるようになった。

ホシムクドリの速度と向きは群れ全体で高い相関をもっている。群れの大きさに関係なく、これが集団飛行の同期した動きをつくり出している。群れの一部の鳥の動きが阻害されると（たとえば、タカなどの捕食者を目撃した場合）、方向や速度の変化に対する個々の反応が群れを横切る波動として伝達され、当初はほんの数羽によるものだった方向転換が増幅されていく。このように情報を伝達することで、群れの有効な知覚範囲は個体の知覚よりもはるかに大きくなる。

捕食関係は、魚の群泳行動につながる淘汰圧にもなっている可能性がある。魚の群れは、捕食者に捕まらないようにその周囲で分裂し、再結成される。群れの配置は一部の利己的な集団によって動かされているのかもしれない。というのも、各魚は捕食者に最も近い位置を避けようとするからだ（ちなみに、この考えはW・D・ハミルトンが提唱した「**利己的集団仮説**」である）。魚は、視覚だけでなく側線器官を使って近くの仲間の位置と動きを検出する。

いくつかの形状を繰り返すような動きは、鳥、魚だけでなく、他の動物においても、多くの種の集団運動に見られる。モデル化では、さまざまな相互作用の強さを微調整することでこうした形状を生成できる（１６２ページ図版25）。さらに、群れや集団全体に影響を与えるには、餌がある方向や移動経路に関する情報をもっている少数の個体だけが必要である。

集団的決定

社会性昆虫はおそらく自己組織化の力の最も極端な例を示している。コロニーには数十万、時には数百万の個体が関与しているが、その活動は中心となる個体から命令されたものではない。代わりに、コロニーでの複雑な行動は、局所的な情報に応答する単純なルールを用いて、それぞれが小さな脳をもつコロニーの構成員間の複数のやりとりがボトムアップされることによって構築される。このようにして、ワーカーのグループは、個体の能力をはるかに超えたタスクに集合的に取り組むことができる。個体がつくる巣の数千倍の規模をもつ複雑な巣など、結果として生じるパターンは、個体間の多数の非線形相互作用によるものであり、この相互作用の多くにフェロモンが含まれる。社会性昆虫のコロニーは遺伝的な関係のある単位のため、コロニーの個体が用いる応答とルールの効率と最適性については、コロニーレベルで淘汰されているようである。

アリの道しるべ

アリの道しるべは、正のフィードバックから生じる。探索（偵察）アリのワーカーが餌（たとえば、ピクニック客が落としたケーキ）を見つけると、巣に戻る途中の道に分泌腺から**道しるべフェロモン**を出しながら**フェロモントレイル**を敷いていく。コロニーを出発したほかのアリはこのフェロモントレイルをたどって餌場に到達し、帰路は自身のフェロモンを出してトレイルを補強しながら巣に戻る。餌がなくなると、アリたちはトレイルを補強しなくなるため、フェロモンが蒸発するにつれて道しるべは消えていく。この単純なメカニズムは、アリの採餌努力と巣の周りの潜在的な資源との高度なマッチングにつながる可能性がある。餌場の選択という点で考えると、豊かな餌場にはより多くのアリが集まり、その帰路に多くのフェロモンを出す。道を選ぶアリはより多くのフェロモンが敷かれたトレイルを選ぶことになるだろう。同様に、餌場までの距離が短いルートもより強化されることになる。

仮想の「フェロモン」を出し、フェロモンの道しるべに応答するという単純な決定ルールに従う仮想アリのコンピューター・モデルがある。このモデルは実際のアリの採餌パターンを再現することができる。このモデルによって、最大50万匹[17]のワーカーで構成される南米のグンタイアリ属のコロニーが行う巨大な群れによる襲撃までもが再現可能だ。このアリは1回12時間の襲撃で、3万を超える獲物を捕獲できる。グンタイアリ属には分散して単独行動をする節足動物を獲物とする種もいれば、ハチの巣などの「集中した」餌源を獲物とする種もいる。分散または集中した食糧のタイプをモデルに追加すると、異なる種のグンタイアリが襲撃するときのさまざまな隊列の特徴的なパ

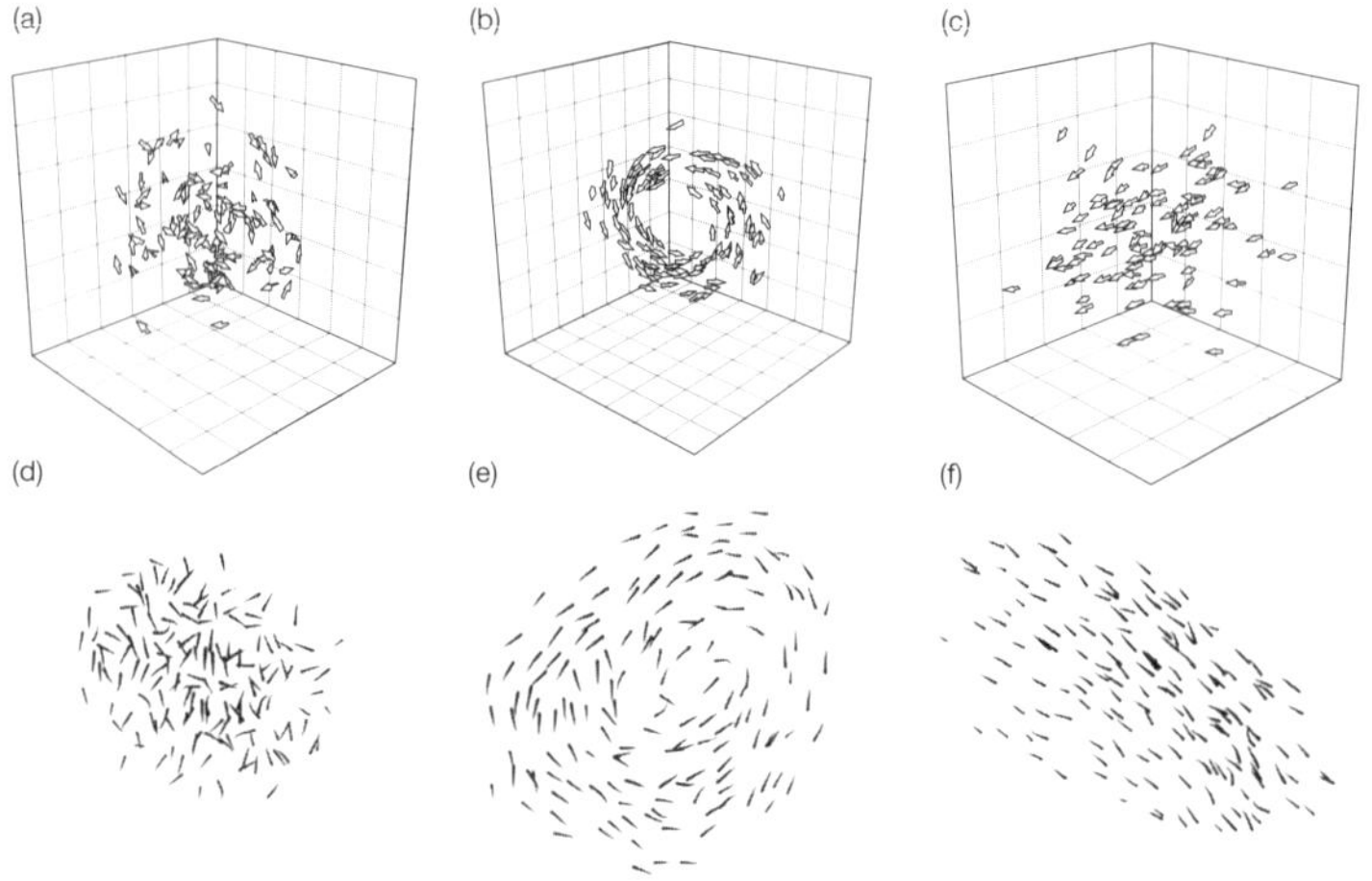

図版25　集団的な動物の動きのモデル化。上段は（a）引力と斥力（反発力）だけで、蚊柱のような無秩序な群れがつくられる。（b）アラインメントを追加すると、中空のコアの周りを回転する個体による「トーラス（円環面）」が得られる。（c）アラインメントが増えると、鳥の群れや魚群のように、まとまりのある「分極化」グループが形成され始める。下段の魚群の図（d）（e）（f）は、これらの遷移を示している。

ターンをシミュレートできる。

1分間に100匹以上のアリが目まぐるしく動き回るトレイルでは、双方向とも交通量が多いため、衝突や渋滞が起こるリスクがある。アリの多くの種では、交通の流れを最適化するようにいくつかのレーンへの自己組織化を行うことによって、衝突率の低下やトレイルの容量増加を図っている。バーチェルグンタイアリの襲撃隊列には、三つのレーンがある。入ってくる荷を積んだアリ（インバウンド）が隊列の中央のレーンを占め、出ていくアリ（アウトバウンド）がその両側にレーンを形成する。2レーンの配置でも衝突は少なくなるが、3レーンの配置のほうが安定しているようだ。イアン・カズンとナイジェル・フランクスは、コンピューター・モデルでは、インバウンドのアリとアウトバウンドのアリの方向転換の頻度（ほかのアリとの相互作用中の）の単純な違いによって三つのレーンを生成できることを発見した。

人間の歩行者もアリのように自発的にレーンを形成して、歩道などで双方向の交通を行っている。ただし、フェロモントレイルは関係していないし、魚や鳥の群れの説明に用いられるようなコンピューター・モデルでは、人間の行動は説明できない。これらの代わり

＊17　グンタイアリ属は、巣をつくらず、膨大な集団が行軍するように進み、道中のあらゆる小動物、時には大型動物をも狩り、捕食する

に、人間のレーンへの自己組織化は、無意識のヒューリスティック（経験則的）な認知プロセスに基づいて行われているようである。これは、私たちが意識せずともボールをキャッチできるのに似ている。こうした無意識のプロセスによって、私たちは目の前にいる他人を含む障害物との距離に関する視覚情報に応じて、歩行速度と方向を変化させる。複数のレーンが生じるのは、それぞれの人間が群衆のなかで自由に歩ける抜け道を積極的に探しているためだ。モデルでは、群集密度が高くなると、スムーズな流れが破綻して群集の乱流になってしまうことが示されている。これは、群集災害での踏みつけ事故につながる状況の特徴にもなっている。

シロアリの巣

シロアリは名建築家であり、直径が30メートルにもなる精巧な泥の構造物（アリ塚）を築き上げることもある。その大きさは、体長数ミリメートル程度の個々のワーカーの数千倍になる。高さ5メートルにも及ぶオオキノコシロアリの巣には、塚内の温湿度を調節する換気ダクトの複雑なネットワークが張り巡らされ、餌となる菌類栽培用の部屋（菌室）や幼虫専用の部屋、王と女王のための部屋（王室）がある（図版26）。

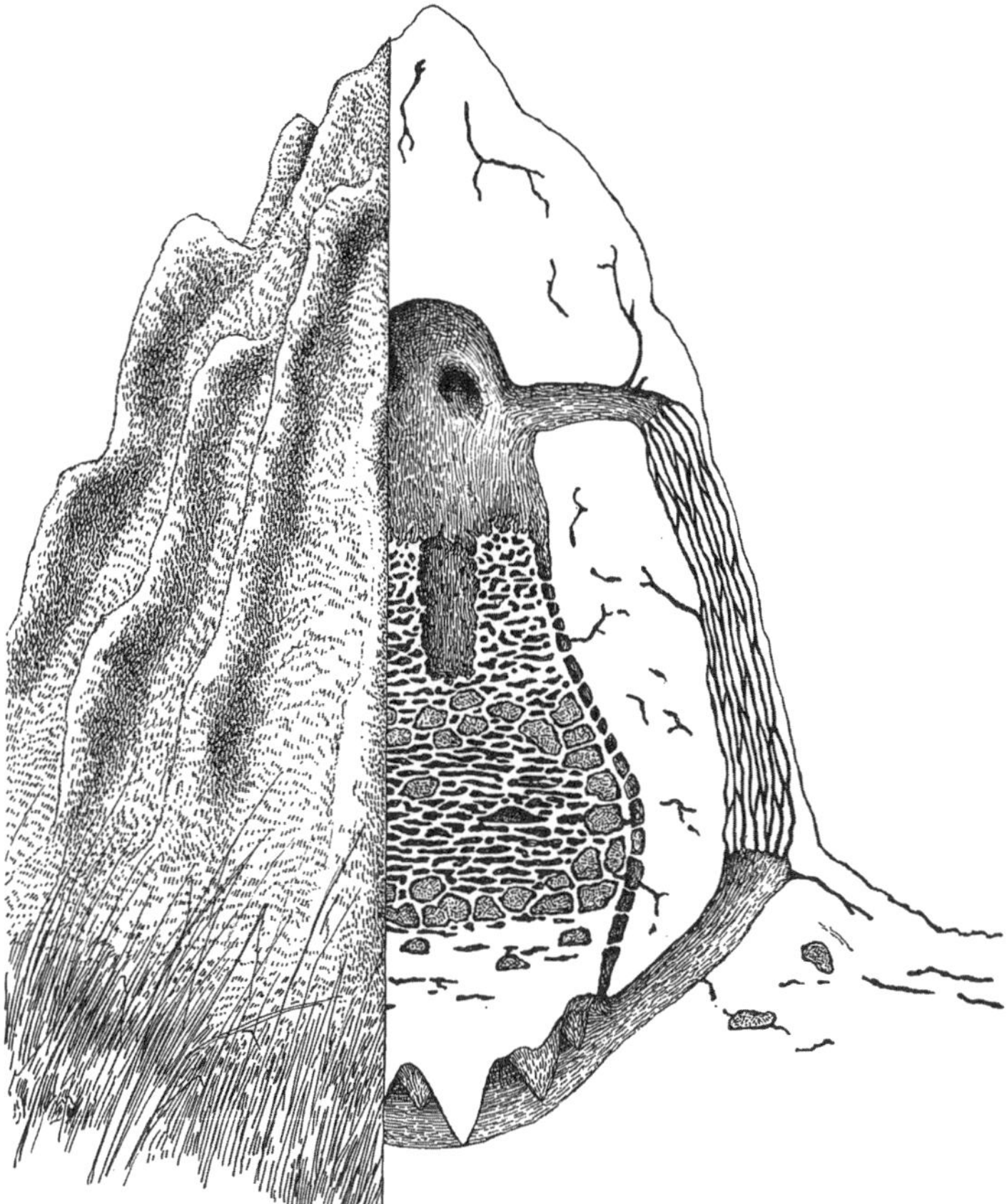

図版26　オオキノコシロアリのアリ塚。垂直断面図（右側）は、換気ダクトの複雑なネットワークと、さまざまな機能をもつ巣室を示している。土でできた高さ5メートルの構造は、体長わずか0.005メートルの盲目のワーカーたちによってつくられる。

ただし、アリ塚の建設には青写真やトップダウン方式の管理は存在しない。種固有の複雑な形状と構造は、個々のワーカーによる単純なルールと局所的なやりとりから生じる。たとえば、オオキノコシロアリの一種 *Macrotermes subhyalinus* のワーカーは眼が退化して盲目であるため、女王が拡散する揮発性のフェロモンに反応して、王室を建設している。ワーカーたちは、女王のフェロモンの閾値《いきち》（作用の限界値）となる地点まで土を運んできて積み重ね、その距離を保ちながら女王の輪郭に沿って部屋の壁と屋根を構築する。女王が大きくなると、閾値を示す位置が移動するため、ワーカーたちは壁を改造してさらに大きな部屋をつくる。

　シロアリのワーカーは、別のワーカーによって敷設された土やフェロモンの局所的な構成にも反応する。たとえば、**セメントフェロモン**が染み込んだ土の山は、次にやってくるシロアリを刺激してさらに土を堆積させ、そのシロアリやコロニー内の他のワーカーによる別の建設行動も引き起こす。シロアリのアリ塚の複雑な要素を自己組織化した構造（たとえば、柱や壁のパターン）は、数理モデルによって説明できる。モデルには、セメント・フェロモンや道しるべフェロモンに対するシロアリの閾値応答、フェロモンの拡散と減衰が組み込まれている。その他の要因には、既存の構造物への応答や、構造物が生成する気流などの手がかりが含まれる。

ミツバチの民主主義

春が終わる頃、セイヨウミツバチの強大なコロニーは**分封**《ぶんぽう》により分割される。旧世代の女王はワーカーの約半分を引き連れて飛び立ち、残りのワーカーは新世代の女王とともに古い巣に残る。飛び立った数千匹のミツバチの分封群が旧世代の女王をまもるように塊状になり、近くの木の枝に留まっている様子は、まるで木から生えたあごひげのように見える。分封群は１００匹程度の旧世代のミツバチを派遣して、新しい巣の候補となる空洞のある木を探させる。探索（偵察）バチは木の穴を見つけるとそこから侵入し、内部を歩き回って空洞の大きさを評価する。コロニーが冬場を耐えしのぐだけの蜜を貯蔵でき、捕食者から巣をまもりやすいように開口部が小さくて、南向きの高い位置にある木が優れた営巣場所である。

探索バチは分封群に戻ると、その表面で8の字ダンスをする（第5章参照）。探索バチが直線部分を進むときの角度は空洞のある木の方角を示し、直線部分を進む時間はその木までの距離を示す。巣の候補地の知覚品質（探索バチが認識している質）は、8の字ダンスを繰り返す回数によって示されるダンスの強度に反映されている。優れた営巣候補地を見つけた探索バチは、１００回以上ダンスを繰り返す。ほかの探索バチも別の候補地を見つけて戻ってくる。探索バチは自分に賛同するほかのミツバチを集めようとして、より強力な８の字ダンスをして引き寄せようとする。集まったミツバチは、自ら候補地まで飛んで綿密な調査をし、分封群に戻ってきてダンスをするまでは中立な立場をとる。

　トム・シーリーらは、候補地の選択肢を与えられたミツバチたちがたいてい、新しい巣をつくる空洞として最適な場所を選ぶのに成功していることに気づいた。分封中のミツバチはどのようにして決定を行うのだろうか。ミツバチたちは異なる意見を話し合いによって調整するのではなく、多数決で決着をつける。各候補地を支持する探索バチのグループは、賛成者が一定数（ある瞬間に約１５０匹の探索バチが、一つの候補地を訪問している状態のこと）に最初に到達するように競い合う。優れた営巣候補地に関しては、探索バチたちがより強い８の字ダンスを行い、より頻繁に訪問しては踊り続けるため、正のフィードバックのループが成立し、定数の閾値に早く到達する。それよりも劣る候補地への負のフィードバックが成立し、繰り返されるダンスの回数が一定の割合で減少し、それにつれてその候補地に対するダンスの持続性も低下していく。巣に残っている探索バチたちは８の字ダンスを踊ってほかの候補地を報告する探索バチと頭を突き合わせ、振動による抑制的な「停止」信号を送信することによって、相手のダンスをより早く停止させる。正と負の効果の組み合わせは、より多くの支持者がいる候補地がさらに迅速に支持を集め、集まる探索バチの数が雪だるま式に膨れ上がる効果をもつことを意味する。

決断に必要な数に達すると（最長3日かかる場合がある）、「パイピング（高音を発する）」をする探索バチが分封群の上を走り、ミツバチたちが飛び立つように活性化する。ミツバチは、羽をブンブン鳴らし、腹部を別のミツバチに押しつけて振動信号を送信する「パイプ」を行う。突然、女王を中心にした分封群全体が新しい巣に向かって飛び立つ。すでに巣の空洞で待っている探索バチは、分封群を最終到着地に導くための化学信号（フェロモン）を放出する。

このようなプロセスが、適切な決断につながるようだ。重要な特徴は、各探索バチがダンスをする前に候補地を評価することである。シーリーはこのプロセスを、すべての探索バチが十分な情報を得て「討論」し、投票できるタウンミーティングに例えている。

自然淘汰と集団行動

個々の動物の行動と、集団行動に現れる相互作用のルールは、他の行動と同様、自然淘汰のもとで進化してきた。たとえば、自然淘汰は、トレイル上のフェロモンに対する特定の応答を進化させることによって、観察されたような行動をもたらす。社会性昆虫では、集団行動の自然淘汰はコロニーのレベルで作用する。ワーカーが他のコロニーよりも適した行動をとるコロニーは、次世代により多くの繁殖個体(女王)を生じる。

群れのなかの個々の鳥が洗練された認知能力をもっていることは想起しやすい。しかし、社会性昆虫の自己組織化システムでも、局所的な条件に反応するミツバチなどの「単純なユニット」は、サイズは小さいが数百万のニューロンと多数の感覚入力を備えた、独自の脳をもっている。社会性昆虫の各個体は、感度がよく用途の広い処理ユニットであり、その応答は遺伝子、経験、状況による影響を受ける。ミツバチのワーカーは少なくとも20の異なる信号に応答し、数十の異なる種類の手がかりを統合しようとする。その行動状態は日齢や経験だけでなく、同巣個体の行動の影響も受ける(第3章参照)。

自己組織化モデルの応用

一つの問題に多くの頭脳を活かす**群知能**は、人間がオープンソース・ソフトウェアを開発する方法と同じである。群知能は、グループによるよりよい意思決定を求めて、ビジネスや経営でさまざまな用途に使える可能性をもっている。人間のグループに関する研究は、グループが多様な意見をもつ個人で構成されることを保証することに強みがあることを示唆している。従業員の多様性を奨励するもう一つの理由がここにある。グループによるよりよい意思決定をうながす他の重要な特徴には、意見の独立性を促進すること、真実を報告することや、階層制や議論の支配を回避するためのメカニズムも含まれている。

モデルをつくる人たちは、社会性昆虫の研究から生まれた自己組織化の原則が他の状況にも応用できることにすぐに気づいた。社会性昆虫の共同採餌に触発されたアリのコロニーの最適化および制御アルゴリズムは、電子通信やインターネットなどの通信網内のデータのルーティング（経路選択）の問題を解決するために使われてきた。通信網に影響を与えたコロニーのように、アルゴリズムに基づくネットワークは、動的な環境で柔軟性と頑健性を発揮する。動物が自己組織化して群れや集団を形成する方法は、自律型のロボット群にロボットのプログラミングを知らせる際にも用いられてきた。

人間の群衆行動のモデル化から得られた洞察も、緊急時に映画館などの公共の建物から安全かつすみやかに避難できる経路を設計する際に役立っている。

8

行動を応用する

ともに生きていくには

私たち人間の行動は、ほかの動物の生命や生活に大きな影響を及ぼす。本章では、人間が動物の行動を理解することによって、この地球環境のなかで動物と食物や土地、空間をめぐって競い合うときに、対立を減らす方法について検討する。私たちはまた、家畜の生活を改善することもできる。そのためには、動物の行動を研究するあらゆる方法――神経や発達、学習に関する科学から行動生態学まで――が役に立つ。

人間と動物の対立を減らす

人間と動物の最大の対立は、食物をめぐる競争によるものだ。具体的には、成長中の作物や収穫物を摂食する有害生物との対立や、人間が意図することなく影響を及ぼしてしまった動物との直接の衝突などがある。こうした対立は、私たちが「動物がどのように行動するか」を深く理解すれば、ダメージの少ない方法で回避することができる。

昆虫フェロモンを利用して、害虫の行動を操って防除する方法は、初めてフェロモンが同定される何十年も前から知られていた（第2章参照）。成虫のガは害を及ぼさなくても、幼虫はリンゴのなかの「イモムシ」のように、作物にダメージを与える。防除戦術として成功したのは、化学合成したメスの性フェロモンを野外に放出することによって、混乱したオスのガが本物のメスの居場所を特定できなくなるようにする方法だった。交尾ができなければ、受精卵や幼虫の数が減少する。この方法は**交信攪乱《かくらん》**と呼ばれ、アメリカではリンゴ、メキシコではトマト、パキスタンではナスなどに用いられている世界的な防除法となっている。この技術は、環境への影響を最小限に抑えられる。フェロモンは農薬とは対照的に種特異性が高く、交信攪乱に使用されるのは毒性のない少量のため、害虫のみが影響を受ける。クモをはじめとする自然の捕食者や捕食寄生者[*18]は無傷のままなので、生態系には影響しない。

長期的には、フェロモンは穀物が収穫された後に多大な食糧の損失をもたらすネズミ類を防除することも可能にするかもしれない。これらの夜行性動物の社会的交流と繁殖においては、フェロモンが非常に重要な役割を果たすことが示されている。現在の防除は主に毒を用いているが、げっ歯類は味覚嫌悪を学習するために毒を入れることが徐々に難しくなる。毒が病気を引き起こすと、動物はその餌を避けるようになるからだ。さらに、毒物

*18　ノミやダニなどの寄生者は寄生対象動物（宿主）を殺さないのに対して、寄生バチや寄生バエは最終的に寄生対象動物（寄主）を食い殺すので、捕食寄生者と呼んで区別している。多くの昆虫には捕食寄生者が存在する

の使用は動物福祉（アニマルウェルフェア）にも反しており、環境問題も引き起こす。

有害生物は小型のものばかりではない。ケニアでは、アフリカゾウの襲撃による農作物の被害が起きており、ゾウを撃退するために実験的な試みが行われている。生物学者はゾウたちが、内部の空洞《うろ》にミツバチが巣を設けているアカシアの木を避けていることに気づいた。アフリカミツバチ（セイヨウミツバチの亜種）は攻撃的なため、ゾウは怒ったミツバチの羽音を聞くと逃げ出そうとする。ゾウたちはまず、ゴロゴロというようなり声のような警戒声を発して、家族にミツバチの脅威が迫っていることを知らせる。農民たちと生物学者は、畑の農作物の周りに「養蜂箱を使ったフェンス」を建てることにした。杭と杭の間に軽量でなかが空洞の養蜂箱をワイヤーで吊り下げていく。杭の間から畑に忍び込もうとするゾウが両側の養蜂箱を揺らすと、なかからミツバチが飛び出してきてゾウを刺すという仕掛けである（図版27）。ゾウはすぐに学習し、養蜂箱のフェンスでまもられた作物を避けるようになった。利益はそれだけではない。農民たちは養蜂箱から蜂蜜と蜜蝋《みつろう》を収穫できる。

北米とヨーロッパでは、高いナビゲーション能力で知られるミツバチが、巣や巣箱に戻れなくなって失踪する現象が最近起きている。ミツバチの記憶が何らかの影響を受けているのは間違いない。原因は、害虫の防除に使われる**ネオニコチノイド**系の農薬である可能性が高い。ミツバチはこの農薬の標的ではないが、化学物質はミツバチが集める花粉や花蜜に混入する。低レベルの農薬なのでミツバチを殺傷することはないが、ミツバチの行動に影響を与えるらしい。ネオニコチノイドはほかの要因（病気や他の種類の農薬を含む）とともに、花粉を媒介するミツバチの個体数の減少や、マルハナバチなど他のハチの減少にも関わっている可能性がある。

ミツバチが「農薬による巻き添え被害の犠牲者」であるように、いくつかの種——特にイルカ——は、**刺し網漁**の思いがけない犠牲者である。イルカは、刺し網の標的となる小さな魚を捕まえよ

図版27　ケニアの農民たちが、畑の農作物をゾウからまもるために養蜂箱のフェンスを設置している。ワラは養蜂箱を覆う日よけとなる。

うとして網のなかに入り込んだ結果、そこから出られなくなる。多くのイルカや他の小型のクジラの保護において、刺し網漁による死亡は最も差し迫った脅威だ。イルカはホイッスルと呼ばれる鳴音で仲間と語り合い、ソナーを使った反響定位で獲物を見つけて追いかける。イルカ問題を抱える多くの漁業関係者は、この音に対する感度の高さを利用して、刺し網にバッテリー駆動の音響パルス発信装置を取り付け、「ピンガー(反響音)」を出すようにした。ピンガーが義務化されて以降、アメリカの太平洋岸と大西洋岸沖の刺し網漁業では、網にかかるイルカの数が50~60パーセント減少した。この減少傾向はここ10年以上維持されており、イルカがピンガーに慣れた結果、その効力が失われた形跡はなかった。

行動と動物保護

配偶システム、刷り込み、渡り、ほかの種との相互作用など、動物の行動を理解することは、絶滅危惧種の動物を保護する際に重要な要素となる。

フクロウオウム(カカポ)は、ニュージーランドに生息する絶滅危惧種の飛べないオウムである。このオウムは飼育下繁殖プログラムでは、性比のバランスが崩れ、生まれてくるオスの数が多すぎるために問題があった。行動生態学の概念を理解すれば、解決策が明らかになる。飼育下でのメスのフクロウオウムには、産卵をうながすために豊富な餌が与えられていた。フクロウオウムの競争の激しい配偶システムでは、大きなオスほど多くの交尾の機会を獲得する。このため、長い間に、食物が豊富な時期にはより多くのオスを生み出すように、性配分メカニズムが進化してきた。そこで、栄養補給を抑制すると、通常の性比に戻った。

コンラート・ローレンツ（第3章56ページ図版9参照）の記述にある、人間に対する行動上の性的刷り込みは、絶滅危惧種の鳥の飼育下繁殖プログラムでは問題になる。その解決策は手が込んでいる。たとえば、北米のアメリカシロヅルのプロジェクトでは、人間のヘルパーが全身が鳥のように見えるスーツを着て変装し、雛に餌をやるときにはツルの頭の形をしたハンドパペットを使う。若鳥になると、超軽量動力機（エンジンを装備した簡易構造の航空機）のあとを飛ばせながら１９００キロメートルの移動ルートを学習させる。飼育下にある多くの動物には、人間を含む捕食者を恐れるように教え込まなければならない。

絶滅危惧種のジャイアントパンダは、飼育下で繁殖するのが難しいことで知られている。中国の四川省にある成都ジャイアントパンダ繁殖研究基地のパンダと野生のパンダの行動研究を集中的に行った結果、技術が向上し、パンダを繁殖させて野生に戻す計画は大きな成功を収めた。たとえば、パンダのおりを頻繁に交換し、互いのにおいにさらしてやると、個体の識別、性別と生殖状態、生殖成熟度、競争状態に関する重要なメッセージを交換できるようになる。科学者たちは、これが交尾の前段階での性的動機を高め、攻撃性を減らしたと報告している。

アリオンゴマシジミは、１９７９年にイギリスの自然保護区から姿を消した。その原因は、科学者がこのチョウの複雑な生活環を解明するまで謎だった。忍耐強い研究の結果、アリオンゴマシジミの幼虫はヨーロッパクシケアリという特定のアリに拾われ、その巣に連れていかれることがわかった。アリオンゴマシジミの幼虫が出す化学的手がかりから、アリはチョウの幼虫を自分たちの幼虫だと思い込む。巣のなかでは、チョウの幼虫は女王アリのにおいや音を模倣して、アリの幼虫を食べることで宿主であるアリに「恩を仇《あだ》で返す」。このチョウの絶滅の原因は、同じ土地に放牧されていたヒツジがいなくなった結果、草が伸びすぎてクシケアリが繁殖できなくなり、チョウの生活環が崩れたからだった。解決策は、ヒツジを連れ戻し、ヨーロッパクシケアリが戻ってきたのを確認してから、チョウを再導入することだった。現在、アリオンゴマシジミの保全は成功しつつある。

人間が引き起こす地球規模の変化

動物保護において、人間の活動がもたらす最大の脅威は、農業による自然生息地の大規模な喪失や断片化、人為的原因による地球規模の気候変動である。これらの影響は非常に広範囲にわたるため、地域的な保全介入では不十分だ。行動分野の科学者は、生息地と気候変動が動物の行動と生存に及ぼす影響を研究し、キャンペーンを行うことでこの問題に関して大きく貢献することができる。

環境は常に変化している。以前との違いは、変化が急速に拡大していることだ。一部の種は、環境の変化に対する初期反応として行動を柔軟に変化させている。たとえば、オックスフォード近郊の森で生息するシジュウカラは、ここ数十年の温暖化のなかで産卵時期を調整してきた。雛の主要な餌となるイモムシが好むナラの若葉が生える時期が早まったのに合わせて産卵するようになったのである。だが、オランダのシジュウカラは、温暖化で春が来るのが早まったのに産卵日を調整できず、イモムシの発生時期に間に合わないケースが増えたため、個体数が減少している。

ほかの種、たとえば高温耐性に限界がある種や、ほかの種に直接的または間接的に依存している種の場合、適応するにも限度がある。たとえば、山に咲く花々から餌となる蜜を吸うハチドリは、温暖化で気温が上昇するにつれて植物がより高く、より涼しいところに移っていくため、その生息域も高地となる。しかし、花と鳥が山頂まで達してしまったら、そこから先には行きようがない。

　長期的には、行動に関する遺伝子の変異は、変化し続ける環境のなかでの生存率を高めるように選択されていくだろう。たとえば、砂漠のサボテンに生息するショウジョウバエは、概日時計遺伝子によって決まる活動時期に対する淘汰で気候変動に反応し、一日の涼しい時間帯に活動するようになったようである。だが、多くの種にとって、絶滅を避けるために自ら変化するだけでは間に合わなくなるであろう気候変動に加えて、人為起源による大気中の二酸化炭素濃度の増加がまた別の危険を引き起こす。二酸化炭素の約３分の１は海水に溶け込み、海洋を酸性化する。この変化は、５０００万年ほど安定した同じ酸性度で生存してきた海洋生物の行動と生理機能に影響を与える。実験によれば、このまま二酸化炭素濃度が上昇し続けると、２１００年には海洋生物の嗅覚が乱されることが予測される。ゴカイ類や甲殻類は性フェロモンに反応しなくなり、魚は捕食者のにおいを嗅ぎ分けられなくなり、海洋性の幼生は適切な生息地を見つけられなくなる（ただし、こうした実験は数世代にわたってpHを徐々に変化させていった結果ではないので、注意が必要だ）。こうした恐れが現実のものとなった場合、植物や動物への影響が海洋生物にも及ぶだけではない。海から収穫される魚や甲殻類がもたらす食物網全体に悪影響が現れる。

飼育下での動物福祉

動物の行動を理解することを、動物を扱う方法に活かすにはどうしたらよいのだろうか。私たちの動物福祉（アニマルウェルフェア）への関心は、「ヒト以外の動物にも、植物や非生物にはない感覚があり、感情を抱いている」という広く信じられている考えに基づいている。しかし、動物がどのように感じているのか、意識があるのか、実際のところはわからない。このことからニコ・ティンバーゲンは、「動物には感情があるかもしれないが、感情は客観的に測定できないため、研究することはできない」とした。しかし、動物福祉に科学的アプローチを行った先駆者の一人であるマリアン・ドーキンスは、「この問題は動物に固有のものではない」ことを私たちに思い出させてくれた。ほかの誰かが何を感じているかを直接知り得ないという問題は、私たち人間の意識に関しても同様である。代わりに、ほかの人も自分とあまり変わらないという前提に基づいて、同じような感情や経験をもっていると想定する必要がある。私たちは、ほかの人が「こう感じている」と言うことが、その人が経験していることの合理的で間接的な尺度であると見なしている。また、相手の顔の表情や行動から読みとれる非言語的な手がかりを使うこともある。同じようにして、動物の行動や他の手がかりを使って、動物が感じていることの指標を探し求めることも可能なはずだ。

　意識は、生物学において未解決のまま残る最も困難な問題の一つだ。私たちの脳のなかの何十億ものニューロンが、どのようにして意識を生み出すのかはいまだに謎である。しかし、意識を二つの種類に分けることには価値がある。一つは、**アクセス意識**である。思考し、推論する能力のことで、動物の知的能力についてヒトの知的能力と比較しようとする比較認知科学者によって研究されてきた（第４章参照）。二つ目は、**知覚力**と呼ばれることもある**現象的意識**で、痛みや喜びといった即時の感覚を指す。動物福祉という科学は、動物は痛みを感じたり、恐怖や空腹などの否定的な感情を抱いたりすることができるかどうかという現象的意識に焦点をあててきた。「動物が繰り返したいと思う経験」と定義される前向きな感情は、私たちが喜びと呼んでいるものだ。動物に関して「感情」という言葉を使うのも問題かもしれない。人間が感情と呼ぶものは、何かを経験したときに感じる身体的な感覚以上のものを指すからだ。

　ヒト以外の哺乳類や鳥も、痛みは感じるようだ。ごく最近、有害な刺激を感知する特定の感覚ニューロンである、**侵害受容器**が魚にも発見された。ヒトに痛みをもたらす物質に対する魚の行動反応は、魚が痛みを感じている可能性を示している。一部の無脊椎動物も痛みを感じる可能性がある。タコの行動と学習能力の複雑さは、動物実験に関する欧州連合（EU）の法律で、タコをはじめとする頭足類が脊椎動物と同様に保護されていることからもわかる（図版28）。ほかの動物がヒトのように意識的に痛みを経験するかどうかについては疑問が残るが、その不確実性は私たちの「ほかの動物に与える潜在的な痛みを軽減したい」という願望を損なうものではない。

　動物の意識の問題はさておき、動物の健康を維持し、動物が欲しがるもの

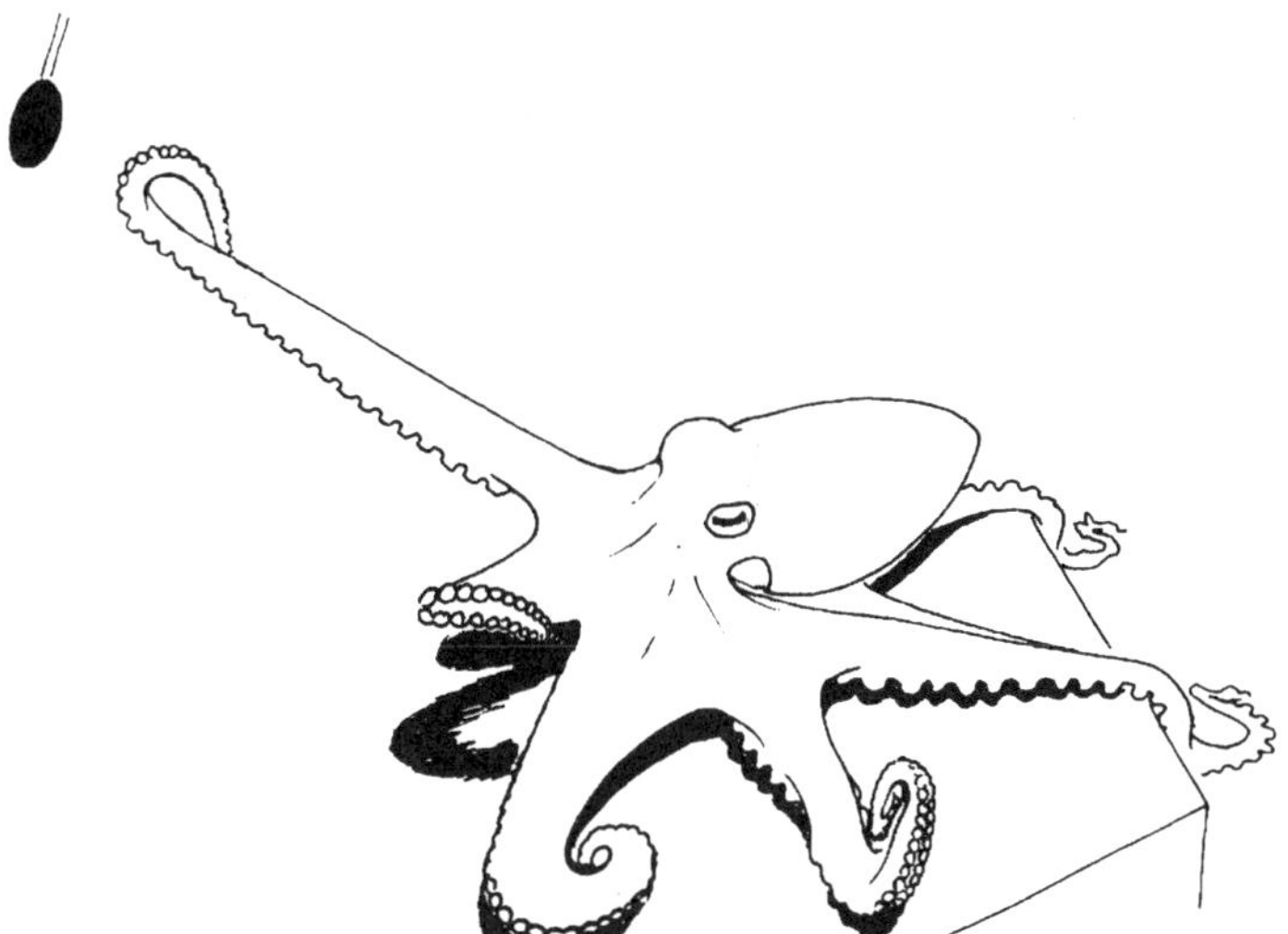

図版28　嫌な体験と関連づけることを学んだ刺激に対して、慎重なアプローチをとるタコ

を与えることに焦点をあてれば、動物福祉を向上させることは可能だ。このような尺度に基づく研究プログラムは、立法者が動物福祉を改善する最もよい方法について、証拠に基づいた決定を下すのに役立つ。こうした方向での実用的なアプローチをとるなら、動物は「賢く」ある必要はなく、痛みや空腹を経験できる高度な知的能力をもっている必要もないため、すべての動物を助けることになる。

　動物福祉を専門とする科学者たちは、ヒトの感情に基づいて、動物に何が欲しいのかを「尋ねる」さまざまな方法を考案した。ヒトの感情は三つの異なる要素から成る。第一の要素は、心拍数の上昇やアドレナリンなどのホルモンの放出といった生理学的反応。第二の要素は、しかめっ面や音声などの表に現れる行動の兆候。第三の要素は、ヒトが経験する恐怖や怒りなどの感情だ。動物福祉という科学は、第一と第二の要素を用いて、動物が何を経験しているのかを推測することがどれほど有効であるかを探る。「感情」という言葉を使ってはいるが、動物が必ずしも私たちと同じように物事を感じることを意味するわけではない。

「ストレス」ホルモンであるコルチゾルのレベルが、イヌに追われたシカの体内で上昇することは、猟犬を使った狩猟がシカの苦痛を引き起こすという意見を裏づけるのに役立った。しかし、ホルモンレベルなどの生理学的反応をストレス指標として使用する場合の問題点は、恐ろしい状況（捕食者に出会うなど）でも、前向きな気持ち（食べ物の取得機会、繁殖のチャンスなどの肯定的な感情）になる状況でも、ホルモンのレベルが上昇するということだ。ヒトの場合と同じである。このあいまいさゆえに、ホルモンよりも行動を基準にしたほうが指標として信頼できるようである。

一部の動物の感情の動きは、羽の上げ下げや姿勢の変化などの行動によって示されることがある。ただし、こうした行動は人間には解釈するのが難しい。わかりやすいケースは、乳牛である。乳牛は、欲しい餌や自分の子どもへのアクセスを拒否されると、白目をむく。この行動は、客観的で信頼できる欲求不満の尺度であることが証明されている。

ニワトリが何を「望んでいるのか」を想像するのではなく、行動実験を行って複数の選択肢を提供することで、ニワトリにどれを好むかを尋ねることができる。１９６０年代に科学的な動物福祉が立ち上がったのは、ルース・ハリソンの１９６４年の著書『アニマル・マシーン――近代畜産にみる悲劇の主役たち』が訴えた、「工場型畜産」の現状に対する懸念がきっかけだった。イギリス政府の委員会は、太いワイヤーで粗目につくられたバタリーケージ[*19]の床のほうがニワトリの足には快適だと推測していたが、実験で「尋ねられた」ニ

＊19　ワイヤーでできた狭いケージを連ねて幾段にも重ね、そのなかにニワトリを収容する近代式の集約飼育方式。糞が下に落ちるように床も粗い目の金網になっている。ニワトリの行動欲求を過度に制限し、強いストレスを与える

ワトリは、細いワイヤーでつくられた目の細かい金網の床に立つことを選んだ。

　動物に対して、何をどれだけ欲しているのか、どれほどやる気があるのかを尋ねることもできる。ラットは、空のケージにアクセスするよりも、ほかのラットたちがいるケージに行きたがってレバーを何度も押す。これは、ラットにとって社会的な関わりが重要であることを示している。野生のミンクは、川を泳いで獲物を狩る。ケージで飼われているミンクも、プールで泳ぐためならば重いドアを押そうとするが、単なる空き部屋にはアクセスしようとしない。ミンクにとって、プールへのアクセスを妨げられることは、食物へのアクセスを妨げるのと同じくらい尿中のコルチゾールのレベル（ストレスレベル）を上昇させることなのである。動物には、嫌な経験を尋ねることも可能だ。ヒツジは、毛刈りと関係のある部屋をすぐに覚えて、その部屋につながる廊下を避けるようになる。

　バタリーケージの床の金網の話のように、動物福祉と「自然さ」に対する私たちの考え方は、動物自身の選択を反映していないことがある。だから、動物自身に尋ねることが重要になる。たとえば、「放し飼い」のニワトリは、餌が豊富に成る木でも見つけないかぎり、鶏小屋を離れて野原を歩き回ることはまずない。これはおそらく、野外で捕食される危険を冒しながら野鶏《やけい》として生活していた、家畜に進化する前の過去を反映している。ウシも、特に雨が降っているときには、牧草地にいるよりも屋内にいることを好むようだ。

動物福祉の改善は、畜産農家にとってもよい結果につながる。たとえば、母ウシから引き離された子ウシは異常な行動を示し、母親の乳首を探そうと無駄な努力をする。このような子ウシに人工乳首から頻繁に授乳すると異常行動が減少し、バケツから１日２回授乳する場合よりも早く体重が増加する。この場合の利点の一部は、子ウシが人工乳首を吸うことによるものであろう。乳首を吸うことが子ウシの消化管ホルモンの分泌を刺激するからだ。

動物福祉の改善は、室内実験で使用される動物にとっても重要だ。営巣材料を備えた豊かな環境で、社会集団として仲間と一緒に飼育されているマウスは、ヒトの病気を研究する際によいモデル生物となる（１９０ページ図版29）。たとえば、集団で飼育されたマウスは、化学療法に対してよく反応する。おそらく、ヒトの場合と同じように、治療の奏功に対する周囲の社会的支援が効果を生むものと思われる。

しかし、全体的な動物福祉を考えると、バランスをとる必要が出てくるだろう。動物福祉のもう一つの重要な指標に、「動物の健康」がある。たとえば、イヌはヒトと同じようにチョコレートなどの甘い食べ物を欲しがり、太りすぎによる心臓病のリスクを抱えることがある。放し飼いのニワトリは寄生虫に感染しやすいため、屋内飼育のニワトリよりも健康状態がよくないことがある。したがって、適切なレベルの動物福祉を見出そうとすると、トレードオフを伴う可能性がある。家畜のブタの欲求を特定することで、[20]餌を求めて鼻で地面を掘るためのピートモスエリア、離れたところにダンギングエリア（排泄エリア）、さらに出産を控えた雌ブタが葉やワラを集めて巣をつくることができるエリアを用意する利点が明らかになった。これらの機能を備えることによって、ブタの欲求不満は軽減され、行動欲求（家畜化されてから何世代を経ても強く残る動機）も満たされる。ただし、新たな機能を提供する際には、従来の豚舎と比較して健康上悪い結果が出た場合、バランスをとる必要がある。特に新生個体の生

図版29　実験用のマウスに営巣材料を与えると、体温を快適なレベルに調整するのに役立ち、ストレスの少ないマウスになる。

存率に関しては注意したい。

伴侶動物を理解する

イヌやネコといった**伴侶動物**（コンパニオンアニマルまたはペット）との関わりは、私たちの多くにとって、動物と直接ふれあう最も一般的なかたちだろう。進化的には、私たちとの付き合いはごく最近のものだ。イヌはおそらく１万５０００年、ネコはせいぜい１万年程度だろう。

イヌがオオカミから進化したことは分子系統学的に証明されているが、その進化がどこで何回起こったのかは依然として盛んに研究されているところである。最初は、人をあまり恐れないオオカミが、遊牧民の野営地に近づいて残飯あさりをしたのであろう。付き合いは次第に進み、人々が子イヌの一部を育てるほどの段階に進むと、従順さと社会性をもつように交配する人為的な選択過程を始めることが可能になった。従順さの選択には、感情、親しみやすいふるまい、社会的コミュニケーションに作用する数多くの遺伝子が含ま

＊20　ピートモスはミズゴケなどの植物が堆積してできた泥炭を乾燥させて粉砕したもの。農業や園芸の用土として使われ、豚舎の悪臭対策にもなる

れる。子イヌが人間に愛着があることは、子イヌが苦しんでいるときや飼い主を安全な拠点ととらえているときに、飼い主に近づいてくることからわかる。見知らぬ空間を探索するときには、たびたび飼い主のほうを振り返るのも愛着だ。イヌはオオカミとは異なり、子イヌの頃から私たちが見つめると視線を返してくる。人間の赤ちゃんのように、私たちが指差す先や視線の先を手がかりにして物を見つけることもできる。イヌは私たちを見て、なじみのない物や出来事についての情報を得ている。イヌの訓練における重要な要素は、イヌが人間とやりとりすることや人間から注目されることで満足感を得られることだ。イヌは簡単な学習だけで課題と状況を組み合わせて覚えられるようになるため、盲導犬や聴導犬として人間を助けることができる。

　イエネコの祖先であるヨーロッパヤマネコは、社会性のある他の家畜の祖先とは異なり、単独行動を好み、自分のなわばりをまもる。ネコの進化について考えられるシナリオは、自己家畜化だ。中東の肥沃な三日月地帯で農耕生活が始まったとき、人間が年間を通して蓄える穀物を食害する、ネズミを追ってきたヤマネコたちがいた。その人里近くで生息できる能力が功を奏して、「近縁野生種」から家畜化への分岐が自然淘汰によって起こった可能性がある。逆に、イエネコが野生化して野良猫として暮らすようになると、ほかのネコ科の動物とは異なり、子ネコを一緒に育てるメス同士のゆるい社会集団で暮らすようになる。このネコ同士の社会的行動が進化したのは、ネコがペットとして人間とより緊密な関係を築く前だったようである。なぜなら、人間に向けられる信号のいくつかは、子ネコと母親のコミュニケーション（毛布やクッションを前足で交互に踏むニーディングや鳴き声など）に由来するものだが、ほかの信号（喉を鳴らす、頬をこすりつける、尻尾を立てるなど）はネコ同士の社会的結束に使われる信号から変化したものだからである。

　飼いイヌや飼いネコの行動や、人との関わりについて本格的な研究が行われるようになったのは、比較的最近のことである。私たちの生活におけるこれらの動物の重要性を考えると、伴侶動物の行動に焦点があてられている最近の傾向は歓迎すべきことだろう。

今後どんな動物に注目すべきか

　本書で紹介され、無数の興味深いドキュメンタリー番組で取り上げられてきた動物たちの行動が今後も見られるかどうかは、その種が生き残れるかどうかにかかっている。ラットやマウス、ハト、伴侶動物といった動物は、人間と生活をともにすることで適応してきたため、今後も繁栄するだろう。だが、人間によって変化を強いられた動物、特に生息地の破壊や地球規模の気候変動の影響を受けている動物たちが今後も生き残れるかどうかは不明である。

すごい動物だが、過去のドキュメンタリー番組のなかにしか存在しない——そんな状況に陥らせたくなければ、私たちは行動する必要がある。行動することは解決策にもつながるが、厳しい視線が注がれているのは、私たち自身の消費者や有権者としての行動であり、世界中の銀行や企業、政治家の言動に及ぼす私たちの影響力だ。変えることは可能である。

引用元

引用元は可能なかぎり、インターネットや図書館を通じて無料で閲覧可能な論文を使用するようにした。論文は、Google Scholarで検索するか、学者自身のウェブサイトで探すことができる。論文検索がうまくいかないときには、論文の正確なタイトルを引用符で囲み、Google検索すると見つかることがある。

参考文献として紹介した書籍も読んでみてほしい。よく引用される古典的な研究の多くを完全なかたちで読むことができる。

第１章　動物たちはなぜそのような行動をするのか

狩りから動物行動学へ

Abramson, C.I.C. (2009). A study in inspiration: Charles Henry Turner (1867-1923) and the investigation of insect behavior. *Annual Review of Entomology*, 54: 343-59.

Galef, B.G. (1996). The making of a science. In L.D. Houck & L.C. Drickamer (eds), *Foundations of animal behavior*. Chicago: University of Chicago Press, pp. 5-12.

ミーアキャット

Clutton-Brock, T. & Manser, M. (2016). Meerkats: cooperative breeding in the Kalahari. In W.D. Koenig & J.L. Dickinson (eds), *Cooperative breeding in vertebrates*. Cambridge: Cambridge University Press, pp. 294-317.

原始的な真社会性をもつ狩りバチ

Gadagkar, R. (2011). Science as a hobby: how and why I came to study the social life of an Indian primitively eusocial wasp. *Current Science (Bangalore)* 100: 845-58.

ティンバーゲンの「四つの問い」

Bateson, P. & Laland, K.N. (2013). Tinbergen's four questions: an appreciation and an update. *Trends in Ecology and Evolution*, 28: 712-18.

鳴かないコオロギ

Pascoal, S. et al. (2014). Rapid convergent evolution in wild crickets.

Current Biology, 24: 1369-74.

化石から知る動物の行動

Benton, M.J. (2010). Studying function and behavior in the fossil record. *PLoS Biology*, 8: e1000321.

Dance, A. (2016). Prehistoric animals, in living color. *Proceedings of the National Academy of Sciences USA,* 113: 8552-6.

「四つの問い」を統合する

Schaal, B. & Al Aïn, S. (2014). Chemical signals 'selected for' newborns in mammals. *Animal Behaviour*, 97: 289-99.

第 2 章　感覚と応答

コウモリとガ

ter Hofstede, H.M. & Ratcliffe, J.M. (2016). Evolutionary escalation: the bat-moth arms race. *Journal of Experimental Biology*, 219: 1589-602.

感覚入力

Catania, K.C. (2012). Evolution of brains and behavior for optimal foraging: a tale of two predators. *Proceedings of the National Academy of Sciences* USA, 109: 10701-8.

Sakurai, T., Namiki, S., & Kanzaki, R. (2014). Molecular and neural mechanisms of sex pheromone reception and processing in the silkmoth *Bombyx mori*. *Frontiers in Physiology*, 5: 125.

神経回路

Brembs, B. (2015). Watching a paradigm shift in neuroscience. *The Winnower,* 3: e142737.171063.

Domenici, P. et al. (2008). Cockroaches keep predators guessing by using preferred escape trajectories. *Current Biology*, 18: 1792-6.

Skals, N. et al. (2005). Her odours make him deaf: crossmodal modulation of olfaction and hearing in a male moth. *Journal of Experimental Biology*, 208: 595-601.

Solis, M.M. & Perkel, D.J. (2005). Neuroethology. *Encyclopedia of the life sciences*. Chichester: Wiley.

ショウジョウバエの神経回路

Manoli, D.S., Meissner, G.W., & Baker, B.S. (2006). Blueprints for behaviour: genetic specification of neural circuitry for innate behaviors. *Trends in Neurosciences*, 29: 444-51.

ホルモンと行動

Bridges, R.S. (2015). Neuroendocrine regulation of maternal behavior. *Frontiers in Neuroendocrinology*, 36: 178-96.

Maruska, K.P. & Fernald, R.D. (2013). Social regulation of male reproductive plasticity in an African cichlid fish. *Integrative and Comparative Biology*, 53: 938-50.

Stevenson, P.A. & Rillich, J. (2012). The decision to fight or flee—insights into underlying mechanism in crickets. *Frontiers in Neuroscience*, 6: 118.

寄生虫

Hughes, D.P. (2014). On the origins of parasite-extended phenotypes. *Integrative and Comparative Biology*, 54: 210-17.

Libersat, F. & Gal, R. (2014). Wasp voodoo rituals, venom-cocktails, and the zombification of cockroach hosts. *Integrative and Comparative Biology*, 54: 129-42.

第３章　行動はどのようにして発達するのか

氏（生得的）か育ち（習得的）か

Mameli, M. & Bateson, P. (2011). An evaluation of the concept of innateness. *Philosophical Transactions of the Royal Society B*, 366: 436-43.

Marler, P. (2004). Innateness and the instinct to learn. *Anais da Academia Brasileira de Ciencias*, 76: 189-200.

刷り込み

Bateson, P. (2011). Imprinting. Scholarpedia, 6: 6838.

Lévy, F. & Keller, M. (2008). Neurobiology of maternal behavior in sheep. *Advances in the Study of Behavior*, 38: 399-437.

Slagsvold, T. et al. (2002). Mate choice and imprinting in birds studied by cross-fostering in the wild. *Proceedings of the Royal Society of London Series B*, 269: 1449-55.

遺伝子と行動

Sokolowski, M.B. (2010). Social interactions in 'simple' model *systems. Neuron*, 65: 780-94.

進化、遺伝子のコ・オプションおよび遺伝子調節

Carroll, S.B., Prud'Homme, B., & Gompel, N. (2008). Regulating evolution. *Scientific American*, 298 (May): 60-7.

Duncan, E.J., Gluckman, P.D., & Dearden, P.K. (2014). Epigenetics, plasticity, and evolution: how do we link epigenetic change to phenotype? *Journal of Experimental Zoology B*, 322: 208-20.

Robinson, G.E., Fernald, R.D., & Clayton, D.F. (2008). Genes and social behavior. *Science*, 322: 896-900.

脳の遺伝子発現に対する社会的影響

Ben-Shahar, Y. et al. (2002). Influence of gene action across different time scales on behavior. *Science*, 296: 741-4.

Maruska, K.P. & Fernald, R.D. (2013). Social regulation of male reproductive plasticity in an African cichlid fish. *Integrative and Comparative Biology*, 53: 938-50.

表現型可塑性

Avise, J.C. & Mank, J.E. (2009). Evolutionary perspectives on hermaphroditism in fishes. *Sexual Development*, 3: 152-63.

Bachtrog, D. et al. (2014). Sex determination: why so many ways of doing it? *PLoS Biology*, 12: e1001899.

Simpson, S.J., Sword, G.A., & Lo, N. (2011). Polyphenism in insects. *Current Biology*, 21: R738-49.

モデルシステムとしての鳥のさえずり

Bolhuis, J.J., Okanoya, K., & Scharff, C. (2010). Twitter evolution: converging mechanisms in birdsong and human speech. *Nature Reviews Neuroscience*, 11: 747-59.

Nottebohm, F (2005). The neural basis of birdsong. *PLoS Biology*, 3: e164.

何世代にもわたる非遺伝的な親の効果

Freund, J. et al. (2013). Emergence of individuality in genetically identical mice. *Science*, 340: 756-9.
Sachser, N., Kaiser, S., & Hennessy, M.B. (2013). Behavioural profiles are shaped by social experience: when, how and why. *Philosophical Transactions of the Royal Society of London B*, 368: 20120344.

遊び

Bateson, P. (2014). Play, playfulness, creativity and innovation. *Animal Behavior and Cognition*, 2: 99.
Sharpe, L.L. (2005). Play fighting does not affect subsequent fighting success in wild meerkats. *Animal Behaviour,* 69: 1023-9.

第４章　学習と動物の文化

すべての動物は学習する

Menzel, R. (2013). Learning, memory, and cognition: animal perspectives. In G. Galizia & P.-M. Lledo (eds), Neurosciences—*from molecule to behavior: a university textbook*. Berlin: Springer.

学習は行動反応に柔軟性を与える

Hollis, K.L. & Guillette, L.M. (2015). What associative learning in insects tells us about the evolution of learned and fixed behavior. *International Journal of Comparative Psychology*, 28: 1-18.

将来のために食料を隠す

Brown, M.F. & Cook, R.G. (eds) (2006). *Animal spatial cognition: comparative, neural, and computational approaches*. Available online at: <www.pigeon.psy.tufts.edu/asc/>.
Woollett, K. & Maguire, E.A. (2011). Acquiring 'The Knowledge' of London's layout drives structural brain changes. *Current Biology*, 21: 2109-14.

学習するハチ

Giurfa, M. (2013). Cognition with few neurons: higher-order learning in insects. *Trends in Neurosciences,* 36: 285–94.

Menzel, R. (2012). The honeybee as a model for understanding the basis of cognition. *Nature Reviews Neuroscience*, 13: 758–68.

Zhang, S., Si, A., & Pahl, M. (2012). Visually guided decision making in foraging honeybees. *Frontiers in Neuroscience*, 6: 88.

社会的学習

Aplin, L.M. et al. (2014). Experimentally induced innovations lead to persistent culture via conformity in wild birds. *Nature*, 518: 538–41.

Galef, B.G. & Laland, K.N. (2005). Social learning in animals: empirical studies and theoretical models. *Bioscience*, 55: 489–99.

Laland, K.N. (2008). Animal cultures. *Current Biology*, 18: R366–R370.

ミーアキャットの教育

Thornton, A. & McAuliffe, K. (2006). Teaching in wild meerkats. *Science*, 313: 227–9.

累積的文化

Yuhas, D. (2012). *Sharing the wealth (of knowledge): cumulative cultural development may be exclusively human* [Online]. New York: Scientific American. <www.scientificamerican.com/article/sharing-the-wealth-of-kno/> (accessed 25 February 2016).

道具の使用

Biro, D., Haslam, M., & Rutz, C. (2013). Tool use as adaptation. *Philosophical Transactions of the Royal Society B*, 368: 20120408.

Kacelnik, A. (2009). Tools for thought or thoughts for tools? *Proceedings of the National Academy of Sciences USA*, 106: 10071–2.

Seed, A. & Byrne, R. (2010). Animal tool-use. Current Biology, 20: R1032–9.

動物たちは何を考えているのか

Emery, N.J. & Clayton, N.S. (2001). Effects of experience and social context on prospective caching strategies by scrub jays. *Nature*, 414:

443-6.
Penn, D.C. & Povinelli, D.J. (2007). On the lack of evidence that nonhuman primates possess anything remotely resembling a 'theory of mind'. *Philosophical Transactions of the Royal Society B*, 362: 731-44.
Pepperberg, I.M. (2006). Cognitive and communicative abilities of Grey parrots. Applied Animal Behaviour Science, 100: 77-86.
Shettleworth, S.J. (2010). Clever animals and killjoy explanations in comparative psychology. *Trends in Cognitive Sciences*, 14: 477-81.

第5章　生き残るための信号

メッセージを伝える

Wyatt, T.D. (2015). How animals communicate via pheromones. *American Scientist*, 103: 114-21.

正直な信号

Számadó, S. (2011). The cost of honesty and the fallacy of the handicap principle. *Animal Behaviour*, 81: 3-10.

ミツバチのダンス

Couvillon, M. (2012). The dance legacy of Karl von Frisch. *Insectes Sociaux*, 59: 297-306.
Tautz, J. et al. (2004). Honeybee odometry: performance in varying natural terrain. *PLoS Biology*, 2: e211.

ベルベットモンキーの警戒声

Ducheminsky, N., Henzi, S.P., & Barrett, L. (2014). Responses of vervet monkeys in large troops to terrestrial and aerial predator alarm calls. *Behavioral Ecology*, 25: 1474-84.
Yong, E. (2015). How reliable are psychology studies? *The Atlantic*. *August*. <www.theatlantic.com/science/archive/2015/08/psychology-studies-reliability-reproducability-nosek/402466/>.

種間コミュニケーション

Spottiswoode, C.N., Begg, K.S., & Begg, C.M. (2016). Reciprocal signaling

in honeyguide-human mutualism. *Science*, 353: 387-9.
Vail, A.L., Manica, A., & Bshary, R. (2013). Referential gestures in fish collaborative hunting. *Nature Communications*, 4: 1765.

信号の搾取

Haynes, K.F. et al. (2002). Aggressive mimicry of moth pheromones by a bolas spider: how does this specialist predator attract more than one species of prey? *Chemoecology*, 12: 99-105.
Lewis, S.M. & Cratsley, C.K. (2008). Flash signal evolution, mate choice, and predation in fireflies. *Annual Review of Entomology*, 53: 293-321.
Ryan, M.J. (2011). Replication in field biology: the case of the frog-eating bat. *Science*, 334: 1229-30.

第６章　勝利のための戦略

勝利のための戦略

Birkhead, T. & Monaghan, P. (2010). Ingenious ideas: the history of behavioral ecology. In D.F. Westneat & C.W. Fox (eds), *Evolutionary behavioural ecology*. New York, Oxford University Press, pp. 3-15.

子育てと配偶システム

Emlen, S.T., Wrege, P.H., & Smith, L. (2004). Size dimorphism, intrasexual competition, and sexual selection in Wattled Jacana (Jacana jacana), a sex-role-reversed shorebird in Panama. *The Auk*, 121: 391-403.

精子競争と隠れたメスの選択

Birkhead, T. (2010). How stupid not to have thought of that: postcopulatory sexual selection. *Journal of Zoology*, 281: 78-93.

利他主義を説明する

Bourke, A.F. (2014). Hamilton's rule and the causes of social evolution. *Philosophical Transactions of the Royal Society B*, 369: 20130362.
Emlen, S. & Wrege, P. (1989). A test of alternate hypotheses for helping behavior in white-fronted bee-eaters of Kenya. *Behavioral Ecology and Sociobiology*, 25: 303-19.

Mumme, R.L. (1992). Do helpers increase reproductive success? *Behavioral Ecology and Sociobiology*, 31: 319-28.
Russell, A. et al. (2007). Helpers increase the reproductive potential of offspring in cooperative meerkats. *Proceedings of the Royal Society of London B*, 274: 513-20.

真社会性の進化

Boomsma, J.J. (2009). Lifetime monogamy and the evolution of eusociality. *Philosophical Transactions of the Royal Society B*, 364: 3191-207.

進化的軍拡競走

Davies, N.B. (2011). Cuckoo adaptations: trickery and tuning. *Journal of Zoology*, 284: 1-14.

行動生態学の未来

Lamichhaney, S. et al. (2016). Structural genomic changes underlie alternative reproductive strategies in the ruff (*Philomachus pugnax*). Nature Genetics, 48: 84-8.
Owens, I.P.F. (2006). Where is behavioural ecology going? *Trends in Ecology and Evolution*, 21: 356-61.
Zuk, M. & Balenger, S.L. (2014). Behavioral ecology and genomics: new directions, or just a more detailed map? *Behavioral Ecology*, 25: 1277-82.

第７章　群れの英知

自己組織化と群知能

Couzin, I.D. (2009). Collective cognition in animal groups. *Trends in Cognitive Science*, 13: 36-43.
Krause, J., Ruxton, G.D., & Krause, S. (2010). Swarm intelligence in animals and humans. *Trends in Ecology and Evolution*, 25: 28-34.
Theraulaz, G. et al. (2003). The formation of spatial patterns in social insects: from simple behaviours to complex structures. *Philosophical Transactions of the Royal Society B*, 361: 1263-82.

集団運動

Cavagna, A. et al. (2010). Scale-free correlations in starling flocks. *Proceedings of the National Academy of Sciences USA*, 107: 11865-70.

集団的決定

Boomsma, J.J. & Franks, N.R. (2006). Social insects: from selfish genes to self organisation and beyond. *Trends in Ecology and Evolution*, 21: 303-8.

アリの道しるべ

Fourcassié, V., Dussutour, A., & Deneubourg, J.-L. (2010). Ant traffic rules. *Journal of Experimental Biology*, 213: 2357-63.

Moussaïd, M., Helbing, D., & Theraulaz, G. (2011). How simple rules determine pedestrian behavior and crowd disasters. *Proceedings of the National Academy of Sciences USA*, 108: 6884-8.

ミツバチの民主主義

Seeley, T.D., Visscher, P.K., & Passino, K.M. (2006). Group decision making in honey bee swarms: when 10,000 bees go house hunting, how do they cooperatively choose their new nesting site? *American Scientist*, 94: 220-9.

第８章　行動を応用する

フェロモンを利用する

Wyatt, T.D. (2015). How animals communicate via pheromones. *American Scientist*, 103: 114-21.

ゾウを撃退するミツバチ

King, L.E., Douglas-Hamilton, I., & Vollrath, F. (2011). Beehive fences as effective deterrents for crop-raiding elephants: field trials in northern Kenya. *African Journal of Ecology*, 49: 431-9.

農薬ネオニコチノイドの影響

Pisa, L.W. et al. (2014). Effects of neonicotinoids and fipronil on non-target invertebrates. *Environmental Science and Pollution Research*, 22:

68-102.

反響音を利用したイルカの保護

Dawson, S.M. et al. (2013). To ping or not to ping: the use of active acoustic devices in mitigating interactions between small cetaceans and gillnet fisheries. *Endangered Species Research*, 19: 201-21.

行動と動物保護

Buchholz, R. (2007). Behavioural biology: an effective and relevant conservation tool. *Trends in Ecology and Evolution*, 22: 401-7.

Caro, T. (2007). Behavior and conservation: a bridge too far? *Trends in Ecology and Evolution*, 22: 394-400.

Thomas, J.A., Simcox, D.J., & Bourn, N.A.D. (2011). Large blue butterfly. In P.S. Sourae (ed.), *Global Re-introduction Perspectives 2011*. Gland: IUCN. <https://portals.iucn.org/library/efiles/documents/2011-073.pdf>.

Zhang, G., Swaisgood, R.R., & Zhang, H. (2004). Evaluation of behavioral factors influencing reproductive success and failure in captive giant pandas. *Zoo Biology*, 23: 15-31.

気候変動と動物の行動

Leduc, A.O. et al. (2013). Effects of acidification on olfactory-mediated behaviour in freshwater and marine ecosystems: a synthesis. *Philosophical Transactions of the Royal Society B*, 368: 20120447.

Wong, B.B.M. & Candolin, U. (2014). Behavioral responses to changing environments. *Behavioral Ecology*, 26: 665-73.

飼育下での動物福祉

Dawkins, M.S. (2006). A user's guide to animal welfare science. *Trends in Ecology and Evolution*, 21: 77-82.

Dawkins, M.S. (2015). Animal welfare and the paradox of animal consciousness. *Advances in the Study of Behavior,* 47: 5-38.

Fraser, D. (2008). Understanding animal welfare. *Acta Veterinaria Scandinavica*, 50: S1.

伴侶動物を理解する

Bradshaw, J.W.S. (2015). Sociality in cats: a comparative review. *Journal*

of Veterinary Behavior: Clinical Applications and Research, 11: 113-24.
Driscoll, C.A., Macdonald, D.W., & O'Brien, S.J. (2009). From wild animals to domestic pets, an evolutionary view of domestication. *Proceedings of the National Academy of Sciences USA*, 106: Suppl 1, 9971-8.
Miklósi, Á. & Topal, J. (2013). What does it take to become 'best friends'? Evolutionary changes in canine social competence. *Trends in Cognitive Science*, 17: 287-94.

参考文献

市民科学への参加方法

参考文献を提示するのと同時に、市民科学者としてさまざまな研究プロジェクトに積極的に参加して、動物の行動の理解に貢献する方法について、いくつか紹介しておきたい。「ズーニバース」（www.zooniverse.org）は市民科学プロジェクトを集めた最大級のポータルサイトで、たとえば「ワイルドカム・ゴロンゴーザ（WildCam Gorongosa）」プロジェクトでモザンビークの動物画像から動物を同定したり、「バット・ディテクティブ（Bat Detective）」プロジェクトでコウモリの鳴き声を特定したりできる。あなたの家の庭にやって来る野鳥に関しては、アメリカのコーネル大学鳥類学研究所の定点観測プロジェクト「フィーダーウォッチ」（https://feederwatch.org/）など、数多くのプロジェクトがある。ミツバチに興味があれば、イギリスには「ビーウォッチ」（http://bumblebeeconservation.org/get-involved/surveys/beewatch/）、北米には「バンブル・ビー・ウォッチ」（www.bumblebeewatch.org）というプロジェクトがある。それぞれの興味や観察場所に合った同様のプロジェクトを調べるには、「サイスターター」（www.scistarter.com）を参照するとよい。

雑誌、動画、ポッドキャスト、ブログ

動物の行動に関する特集を組んでいる雑誌は紙媒体、オンライン媒体とも多数存在する。代表的なものに、『BBCワイルドライフ（*BBC Wildlife*）』、『ディスカバー（*Discover*）』、『ニュー・サイエンティスト（*New Scientist*）』、『サイエンティフィック・アメリカン（*Scientific American*）』などがある。

動画については、動物の行動に関するブログ「アニマル・ビヘイブ（Animal Behave）」に、多くのリンクが張られている。<www.AnimalsBehave.org>.

BBCも、動物の行動に焦点をあてた数々のウェブリソースをもっている。（https://www.bbc.co.uk/news/topics/ce2gz91g2jmt/wildlife）と（www.bbc.com/earth/uk）からアクセスできる。

BBCラジオの自然史関連番組のポッドキャストでは、動物の行動を研究する科学者た

ちが自らの仕事について語っていて、興味深い（www.bbc.co.uk/programmes/p02rrm3j）。BBCラジオには、行動生態学に関するIn Our Timeというシリーズ（www.bbc.co.uk/programmes/b04tljk0）や、The Life Scientificシリーズがある。The Life Scientificシリーズでは、鳥の認知能力を研究するニッキー・クレイトン（www.bbc.co.uk/programmes/b017cd0v）やカッコウの行動を研究するニック・デイビス（www.bbc.co.uk/programmes/b07gfft2）のインタビューを聞くことができる。アメリカでは、NPR（ナショナル・パブリック・ラジオ）の科学番組Science Fridayの公式サイトに、ホタルの光点滅信号（www.sciencefriday.com/?s=fireflies）をはじめとする興味をそそるテーマのポッドキャストや動画がそろっている。

ウェブ上にも、動物の行動に関する優れたブログが存在している。なかでも、私が気に入っているのが、以下の人々のツイッターとブログだ。@edyong209; @GrrlScientist; @Mammals_Suck; @JoanStrassmann; @carlzimmer

私自身のブログのURLはwww.AnimalsBehave.org、ツイッターのアカウントは@BehavingAnimalsである。

書籍

動物行動学の教科書としては、以下の4冊が分野全体をそれぞれ異なるアプローチでカバーしているので、いずれもおすすめできる。

Alcock, J. (2013). *Animal behavior: an evolutionary approach*, 10th edn. Sunderland, MA, Sinuaer.

Bolhuis, J.J. & Giraldeau, L.A. (eds) (2005). *The behavior of animals: mechanisms, function, and evolution*. Oxford, Blackwell.

Davies, N.B., Krebs, J.R., & West, S.A. (2012). *An introduction to behavioural ecology*, 4th edn. Chichester, Wiley-Blackwell.

Manning, A. & Dawkins, M.S. (2012). *An introduction to animal behaviour*, 6th edn. Cambridge, Cambridge University Press.

神経科学の観点から動物行動学を扱った優れた教科書：

Galizia, G. & Lledo, P.M. (eds) (2013). *Neurosciences—from molecule to behavior: a university textbook*. Berlin, Springer.

リチャード・ドーキンスによる遺伝子、進化、行動に関する説明には非常に影響力がある。マレク・コーンは進化論をめぐる考え方の変遷を、リチャード・ドーキンス、R・A・フィッシャー、J・B・S・ホールデン、W・D・ハミルトンなどの進化生物学者の系譜とともに明らかにした。

Dawkins, R. (2016). *The selfish gene: 40th anniversary edition*. Oxford, Oxford University Press.

Kohn, M. (2004). *A reason for everything: natural selection and the British imagination*. London, Faber and Faber.

マーリーン・ズックはその著書のタイトルが示唆するよりもはるかに広範囲の動物の行動について、活発な議論をもたらしてくれる。

Zuk, M. (2011). *Sex on six legs: lessons on life, love, and language from the insect world*. New York, Houghton Mifflin Harcourt.

動物の行動を研究する多くの優れた科学者たちと同様、ティム・バークヘッドも鳥類に魅せられて学者の世界に入った。以下の2冊も鳥類の行動を紹介している。

Birkhead, T. (2012). *Bird sense: what it's like to be a bird*. London, Bloomsbury.

Birkhead, T., Wimpenny, J., & Montgomerie, B. (2014). *Ten thousand birds: ornithology since Darwin*. Princeton, Princeton University Press.

第１章　動物たちはなぜそのような行動をするのか

Burkhardt, R.W. (2005). *Patterns of behaviour: Konrad Lorenz, Niko Tinbergen, and the founding of ethology*. Chicago, University of Chicago Press.

Clutton-Brock, T. (2008). *Meerkat manor: flower of the Kalahari*. London, Phoenix (Orion).

Kruuk, H. (2003). *Niko's nature: the life of Niko Tinbergen, and his science of animal behaviour*. Oxford, Oxford University Press.

Lorenz, K.Z. (1964). *King Solomon's ring*. London, Methuen.

Tinbergen, N. (1951). *The study of instinct*. Oxford, Clarendon Press.

Tinbergen, N. (1974). *Curious naturalists*, revised edn. Harmondsworth, UK, Penguin.

von Frisch, K. (2014). *Bees: their vision, chemical senses, and language*.

Ithaca, Cornell University Press.

第2章　感覚と応答

Berkowitz, A. (2016). Governing behaviour: *how nerve cell dictatorship and democracies control everything we do.* Cambridge, MA: Harvard University Press.

Hughes, D.P., Brodeur, J., & Thomas, F. (eds) (2012). *Host manipulation by parasites*, Oxford: Oxford University Press.

Simmons, P. & Young, D. (2010). *Nerve cells and animal behaviour,* 3rd edn. Cambridge, Cambridge University Press.

Stevens, M. (2013). *Sensory ecology, behaviour, and evolution.* Oxford, Oxford University Press.

第3章　行動はどのようにして発達するのか

Arney, K. (2016). *Herding Hemingway's cats: understanding how our genes work.* London, Bloomsbury.

Catchpole, C.K. & Slater, P.J.B. (2008). *Bird song: biological themes and variations*, 2nd edn. Cambridge, Cambridge University Press.

Dawkins, R. (1986). *The blind watchmaker.* London, Longman/Penguin.

Luck, M. (2014). *Hormones: a very short introduction.* Oxford, Oxford University Press.

Nelson, R.J. & Kriegsfeld, L.J. (2017). *An introduction to behavioral endocrinology*, 5th edn. Sunderland, MA, Sinuaer.

Slack, J. (2014). *Genes: a very short introduction.* Oxford, Oxford University Press.

第4章　学習と動物の文化

Laland, K.N. & Galef, B.G. (eds) (2009). *The question of animal culture.* Cambridge, MA, Harvard University Press.

Pepperberg, I. (2009). *Alex & me: how a scientist and a parrot discovered a hidden world of animal intelligence—and formed a deep bond in the process*. New York, Harper.

Sanz, C.M., Call, J., & Boesch, C. (eds) (2013). *Tool use in animals: cognition and ecology*. Cambridge: Cambridge University Press.

Shettleworth, S.J. (2010). *Cognition, evolution, and behavior*, 2nd edn. Oxford, Oxford University Press.

第５章　生き残るための信号

Bradbury, J.W. & Vehrencamp, S.L. (2011). *Principles of animal communication*, 2nd edn. Sunderland, MA, Sinauer (and free web resources available <http://sites.sinauer.com/animalcommunication2e/>).

Cheney, D.L. & Seyfarth, R.M. (1990). *How monkeys see the world: inside the mind of another species*. Chicago, University of Chicago Press.

Maynard Smith, J. & Harper, D. (2003). *Animal signals*. Oxford, Oxford University Press.

Munz, T. (2016). *The dancing bees: Karl von Frisch and the discovery of the honeybee language*. Chicago, University of Chicago Press.

Stevens, M. (2016). *Cheats and deceits: how animals and plants exploit and mislead*. Oxford, Oxford University Press.

Tautz, J. (2008). *The buzz about bees: biology of a superorganism*. Berlin, Springer.

Wyatt, T.D. (2014). *Pheromones and animal behavior: chemical signals and signatures*, 2nd edn. Cambridge, Cambridge University Press.

第６章　勝利のための戦略

Davies, N.B. (2015). Cuckoo: cheating by nature. London: Bloomsbury.

Davies, N.B. (2015). Cuckoos and their victims: an evolutionary arms race. Croonian Lecture, Royal Society. Video available at <https://royalsociety.org/events/2015/05/cuckoos-and-their-victims/>.

Davies, N.B., Krebs, J.R., & West, S.A. (2012). *An introduction to behavioural ecology*, 4th edn. Chicester, Wiley-Blackwell.

第７章　群れの英知

Camazine, S. et al. (2001). *Self-organization in biological systems*. Princeton, Princeton University Press.

Hölldobler, B. & Wilson, E.O. (2009). *The superorganism: the beauty, elegance, and strangeness of insect societies*. New York, W.W. Norton.

Seeley, T.D. (2010). *Honeybee democracy*. Princeton, Princeton University Press.

第８章　行動を応用する

Berger-Tal, O. & Saltz, D. (eds) (2016). *Conservation behavior: applying behavioral ecology to wildlife conservation and management. Cambridge*, Cambridge University Press.

Bradshaw, J. (2012). *In defence of dogs*. London, Penguin.

Bradshaw, J. (2014). *Cat sense: the feline enigma revealed*. London, Penguin.

Broom, D.M. (2014). *Sentience and animal welfare*. Wallingford, CABI.

Dawkins, M.S. (2012). *Why animals matter: animal consciousness, animal welfare, and human well-being*. Oxford, Oxford University Press.

Miklósi, Á. (2014). *Dog behaviour, evolution, and cognition*, 2nd edn. Oxford, Oxford University Press.

Turner, D.C. & Bateson, P. (eds) (2013). *The domestic cat: the biology of its behaviour*, 3rd edn. Cambridge, Cambridge University Press.

図版の出典

図版 1　11ページ

南アフリカのカラハリ砂漠で、捕食者を警戒して立ち上がるミーアキャットの群れ
photo kindly provided by dr Sinead English

図版 2　17ページ

インドに生息するナンヨウチビアシナガバチの成虫は巣の表面で仲間とやりとりをするため、行動観察にはうってつけだ。巣には、ふたで覆われた子どもたち（サナギ）が見られ、成虫になるとそこから現れる。
photo kindly provided by dr Thresiamma Varghese

図版 3　20ページ

(a) ユリカモメの親は、雛がかえった後、からになった卵の殻を取り除く。（b）ティンバーゲンは、からの卵の白くギザギザした縁が捕食者に視覚的な手がかりを与えるという仮説を検証した。野外実験では、からの卵殻が巣に近いところにあればあるほど、まだ孵化していない卵が捕食者たちに見つかる可能性が高いことが判明した。
(a) From p.J.B. Slater (1999). *Essentials of animal behaviour*. Cambridge, Cambridge University press, Fig. 7.3, p. 143, with permission from Nigel Mann; (b) based ondata from N. Tinbergen et al. (1962). Egg shell removal by the black-headed gull, *Larus ridibundus* L.: a behaviour component of camouflage. *Behaviour*, 19, 74-116

図版 4　31ページ

狩りの最中のコウモリの超音波コールは、ターゲットとする昆虫に近づくにつれて、パルスは短く、帯域幅は広く、発信頻度は高くなる。ガはコウモリの超音波コールを検知し、回避行動を取ることができる。
Figure kindly provided by Dr Melville J. Wohlgemuth

図版 5　37ページ

ホシバナモグラは、巣穴に沿ってすばやく移動すると、鼻のまわりの22本の突起を使って獲物を触り、感知する。口に最も近い一対の突起（矢印）は特に敏

感だ。
Photo kindly provided by Prof. Ken Catania

図版6　42ページ

キイロショウジョウバエの求愛には多くの段階が含まれる。オスのハエは、伸ばした翅をメスに向かって振動させて歌う。次に化学信号のデュエットで2匹が同じ種であることを確認した場合、オスはメスの性器を舐め、交尾を試みるが、選択するのはメスである。
Fig. 9.5 from B. Burnet and K. Connolly (1974). Activity and sexual behaviour in Drosophila *melanogaster*. In J.H.F. van Abeelen (ed.), The genetics of *behaviour*. North Holland, Oxford, pp. 201-58. Copyright Elsevier 1974

図版7　45ページ

脊椎動物では、体の内外の影響が脳の視床下部に統合され、下垂体を刺激してホルモンを放出するホルモン信号を送信する。これらは、卵巣、精巣、副腎など末梢のホルモン産生組織を活性化する。
Based on Fig. 1, p. 179, reprinted from Frontiers in *Neuroendocrinology*, Vol. 36, Robert S. Bridges, Neuroendocrine regulation of maternal behavior, pp. 178-96.
Copyright 2015, with permission from Elsevier

図版8　48ページ

エメラルドゴキブリバチのメスは、ワモンゴキブリの頭を刺すときに、正確な量の神経毒を注入する。ハチの幼虫は、生きているけれども動けなくなった宿主を食べる。
Figure kindly provided by Prof. Frederic Libersat, Dept of Life Sciences and Zlotowski, Center for Neurosciences, Ben Gurion University

図版9　56ページ

刷り込みを受けたハイイロガンの雛たちを惹きつけるコンラート・ローレンツ。オーストリアに住むローレンツのもとを訪れたニコ・ティンバーゲンが描いた。
Figure kindly provided by the Tinbergen estate

図版10　65ページ

動物個体の生涯における行動の発達には、その個体の遺伝子と物理的および（他の種を含む）社会的環境との間の複雑な相互作用が関係している。

Based on Fig. 1 in *Apidologie*, A.G.Dolezal and A.L. Tóth, Honey bee sociogenomics: a genome-scale perspective on bee social behavior and health, Vol. 45 (2013), pp. 1-21, Apidologie © INRA, DIB, and Springer-Verlag France, 2013. With permission of Springer

図版11　72ページ

発生過程で自分と同じ種のさえずりを聴くことができたスズメは、ソナグラフで視覚化された成鳥としての正常なさえずりを行う（上）。感受期に同じ種のさえずりを聴けないように孤立させた鳥は、異常なさえずりを行う（下）。

From Fig. 3, A comparison of songs developed in nature and in social isolation by two sparrows, the Song Sparrow (*Melospiza melodia*) and the Swamp Sparrow (*Melospiza georgiana*), in Innateness and the instinct to learn by Peter Marler, *Anais* da *Academia Brasileira de Ciências*, Vol. 76/2 (June 2004), pp. 189-200

図版12　82ページ

貯食場所にマツの種子を隠しているハイイロホシガラス。その嗉嚢は、32キロメートル離れたアメリカシロゴヨウのマツボックリから収集した最大150個の種子で満たされている。

© Gillian Harris

図版13　86ページ

特別な装置に入れられたミツバチが、砂糖水の報酬と関連づけるように触角に吹きつけられたにおいに反応して、口吻を収縮（a）および伸長（b）させたことを示している。

Photos kindly provided by Dr Robbie Girling and Dr Christine Reitmayer from R.D. Girling, I. Lusebrink, E. Farthing, T.A. Newman, and G.M. Poppy (2013) Diesel exhaust rapidly degrades floral odours used by honeybees. Scientific Reports, Vol. 3, p. 2779

図版14　93ページ

カレドニアガラスは、小枝からつくった道具を使ってコウチュウの幼虫を引っぱり出す。

Photo kindly provided by Dr Gavin Hunt

図版 15　105 ページ

オスのヒキガエルは、体の小さなオスの鳴き声（高音）の録音を聴くと、メスの上にいるオス（体の大小を問わず）を追い払おうとする可能性が高くなる。

Reprinted by permission from Macmillan Publishers Ltd: N.B. Davies and T.R. Halliday (1978). Deep croaks and fighting assessment in toads *Bufo bufo*. Nature, Vol. 274, pp. 683-5. Copyright (1978)

図版 16　106 ページ

カオグロシトドの羽色の多様性。群れのなかでは喉元の羽毛の色が濃いオスほど優勢で、ほとんどの戦いに勝利する。

Republished with permission of John Wiley and Sons Inc, Fig. 7.10 on p.156 in J.R. Krebs and N.B. Davies (1987). *An introduction to behavioural ecology*, 2nd edn. Oxford, Blackwell Scientific Publications; permission conveyed through Copyright Clearance Center, Inc.

図版 17　110 ページ

採餌バチは、仲間のワーカーに蜜の豊富な餌場がある方向（a）を、ダンスの軸と垂直軸の間の角度、つまり餌場への道と太陽方位角（太陽と地平線を直接結ぶ点）の間の角度（a、b）で知らせる。ダンスの持続時間（8の字の中心の直線部分を進む時間）は、餌場までの距離をコード化する（c）。

With permission of Princeton University Press, from T.D. Seeley (1985). *Honeybee ecology: a study of adaptation in social life*. Princeton, Princeton University Press, Fig. 7.1; permission conveyed through Copyright Clearance Center, Inc.

図版 18　114 ページ

ベルベットモンキーは、危険を感じると捕食者に応じて異なる警戒声を発する。警戒声を受信した者の行動は捕食者に対応したものになる。(a)ヒョウ、(b)ワシ

Fig. 8.10, p. 174 in P.J.B. Slater (1999). *Essentials of animal behaviour*. Cambridge, Cambridge University Press, with permission from Nigel Mann

図版19　118ページ

モザンビークのニアッサ国立保護区で、野生のノドグロミツオシエ（研究のために一時的に捕獲された）を手に乗せるヤオ族の蜂蜜ハンター、オーランド・ヤセニ

Photo kindly provided by Dr Claire N. Spottiswoode

図版20　129ページ

動物はリスクと報酬のバランスをとる。イトヨは通常、獲物が高密度で存在する領域を攻撃することを選ぶが、カワセミの模型を水槽の上に飛ばすと、イトヨは低密度の領域を選んだ。

Republished with permission of John Wiley and Sons Inc, from Figure 3.7, p. 65 in J.R. Krebs and N.B. Davies (1987). *An introduction to behavioural ecology*, 2nd edn. Oxford, Blackwell Scientific Publications; permission conveyed through Copyright Clearance Center, Inc. Data reprinted by permission from Macmillan Publishers Ltd: M. Milinski and R. Heller, Influence of a predator on the optimal foraging behaviour of sticklebacks (*Gasterosteus aculeatus L.*). Nature, Vol. 275, pp. 642-4. Copyright (1978)

図版21　130ページ

イギリスのオックスフォード近郊の森に生息するシジュウカラは、一巣あたり平均8～9個の卵を産む（棒グラフ、白い矢印）。実験操作で卵の数を増やしたり減らしたりすると、1組の繁殖ペアはより多くの雛を育てられることがわかった（巣立ち率、点と分布曲線、黒い矢印）。

Republished with permission of John Wiley and Sons from Fig. 1.5b,p. 13 in N.B. davies, J.R. Krebs, and S.A. West (2012). *An introduction to behavioural ecology*, 4th edn. Chichester, Wiley-Blackwell; permission conveyed through Copyright Clearance Center, Inc. data republished with permission of John Wiley and Sons Inc, from C.M. perrins (1965). population fluctuations and clutch-size in the great tit, *Parus major L.* *Journal of Animal Ecology*, Vol. 34, pp. 601-47

図版22　139ページ

コクホウジャクのオスは尾羽が長いほど、メスにとって魅力的だ。実験操作をする前は、すべてのオスが等しく魅力的だった（a）。一部のオスが尾羽を短くしたり長くしたりした後（b）、メスは尾羽を極端に長くしたオスのなわばりに最も多く巣をつくった。

Reprinted by permission from Macmillan publishers Ltd: M. Andersson, Female choice selects for extreme tail length in a widowbird, Nature, Vol. 299, pp. 818–20. Copyright (1982)

図版23　149ページ

ハダカデバネズミは、社会性昆虫に類似した、女王とワーカーをもつ真社会性の哺乳類だ。この図版では、ワーカーが集団でトンネルを掘っている。
Fig. 6.11b, page 321 , Manning, A & dawkins, MS (2012). *An Introduction to Animal Behaviour*, 6 edn. Cambridge, Cambridge University press, from a photo by david Curl, drawing by priscilla Barrett. provided with kind permission from priscilla Barrett

図版24　157ページ

数千羽のホシムクドリの群れ
photo by Adam <https://www.flickr.com/photos/aaddaamn/5196833268//>
CC-BY-2.0/ <https://creativecommons.org/licenses/by/2.0/>

図版25　162ページ

集団的な動物の動きのモデル化。上段は（a）引力と斥力（反発力）だけで、蚊柱のような無秩序な群れがつくられる。（b）アラインメントを追加すると、中空のコアの周りを回転する個体による「トーラス（円環面）」が得られる。（c）アラインメントが増えると、鳥の群れや魚群のように、まとまりのある「分極化」グループが形成され始める。下段の魚群の図（d）（e）（f）は、これらの遷移を示している。
Republished with permission of John Wiley and Sons Inc, from Figure 6.22,p. 172 from N.B. davies, J.R. Krebs, and S.A. West (2012). *An introduction to behavioural ecology*, 4th edn. Chichester, Wiley-Blackwell; permission conveyed through Copyright Clearance Center, Inc. Based on Fig. 1 in I.d. Couzin (2009). Collective cognition in animal groups. *Trends in Cognitive Sciences*, Vol. 13, pp. 36–43, with permission from Elsevier. Images kindly provided by prof. Iain Couzin

図版26　165ページ

オオキノコシロアリのアリ塚。垂直断面図（右側）は、換気ダクトの複雑なネットワークと、さまざまな機能をもつ巣室を示している。土でできた高さ5メートルの構造は、体長わずか0.005メートルの盲目のワーカーたちによってつくられる。
M. Lüscher (1961). Air-conditioned termite nests. *Scientific American*, Vol. 205, pp. 138-45

図版 27　177 ページ

ケニアの農民たちが、畑の農作物をゾウからまもるために養蜂箱のフェンスを設置している。ワラは養蜂箱を覆う日よけとなる。
photo kindly provided by dr Lucy King

図版 28　185 ページ

嫌な体験と関連づけることを学んだ刺激に対して、慎重なアプローチをとるタコ
Figure 11, p. 784, in A. packard and G.d. Sanders, Body patterns of *Octopus vulgaris* and maturation of the response to disturbance, *Animal Behaviour*, Vol. 19, pp. 780-90. Copyright (1971) with permission from Elsevier

図版 29　190 ページ

実験用のマウスに営巣材料を与えると、体温を快適なレベルに調整するのに役立ち、ストレスの少ないマウスになる。
photo kindly provided by prof. Brianna N. Gaskill

▍著者

トリストラム・D・ワイアット／ Tristram D. Wyatt

オックスフォード大学動物学部の動物行動研究グループのメンバーであり，オックスフォード大学ケロッグカレッジの名誉フェロー。ケンブリッジ大学で動物行動学の博士号を取得。カリフォルニア大学バークレー校，ウェールズ大学カーディフ校での研究員，リーズ大学講師，オックスフォード大学生涯教育学部准教授を経て現職。あらゆる種類の動物がどのようにフェロモンを使ってにおいでコミュニケーションをとるのかに興味をもっている。2014年に著書『*Pheromones and Animal Behavior*』（Cambridge University Press）第2版で英国王立生物学協会の最優秀大学院教科書賞を受賞。ヒトのフェロモンに関するTEDトークは100万回以上視聴されている。

▍監訳者

沼田英治／ぬまた・ひではる

京都大学名誉教授。京都大学理学部卒。同大学院理学研究科博士課程修了。理学博士。専門は動物生理学・行動学。主な著書に『クマゼミから温暖化を考える』（岩波書店），『昆虫の時計―分子から野外まで』（北隆館／編著），訳書に『動物生理学―環境への適応』（東京大学出版会／共監訳）などがある。

▍訳者

青山 薫／あおやま・かおる

津田塾大学学芸学部英文学科卒。出版社勤務を経て，書籍，雑誌，英語教材の編集に携わった後，渡仏してフランス語を学ぶ。翻訳は雑誌やCNNなどのメディアを中心に経験。主な訳書にデイヴィッド・フェルドマン著『アメリカン・トリビア』（朝日出版社）などがある。

サイエンス㊣簡潔講座　動物行動学

2021年5月15日発行

著者　トリストラム・D・ワイアット
監訳者　沼田英治
訳者　青山 薫
翻訳，編集協力　有限会社ルーベック
編集　道地恵介，目黒真弥子
表紙デザイン　岩本陽一
発行者　高森康雄
発行所　株式会社 ニュートンプレス
〒112-0012　東京都文京区大塚 3-11-6
https://www.newtonpress.co.jp

ISBN　978-4-315-52369-0
